Inhaltsverzeichnis

Dieses Heft gehört:		Klasse:	

Teiler und Vielfache

▶ Grundwissen

• Dividiert man eine Zahl durch eine zweite Zahl ohne Rest, so nennt man die zweite Zahl einen Teiler der ersten Zahl. Die erste Zahl nennt man ein Vielfaches der zweiten Zahl.	Beispiele: 3 ist Teiler von 6, denn ___________, und 6 ist Vielfaches von 3, denn $6 = 2 \cdot 3$.
• Wenn alle Summanden durch eine Zahl teilbar sind, dann ist auch die Summe durch die Zahl teilbar. Das gilt übertragen auch für Differenzen.	3 ist Teiler von 96 und __ ist Teiler von 6, somit ist 3 Teiler von 102 (denn $96 + 6 = 102$) und 3 Teiler von 90 (denn $96 - 6 = 90$).

▶ **Auftrag:** Ergänze die Beispiele.

Trainieren

1 Trage das passende Zeichen ein.
Hinweis: „2 | 8“ steht für „2 ist Teiler von 8“. „3 ∤ 8“ steht für „3 ist kein Teiler von 8“.

a) 2 □ 8 b) 2 □ 10 c) 2 □ 12 d) 2 □ 20

e) 3 □ 9 f) 3 □ 30 g) 3 □ 33 h) 3 □ 136

i) 5 □ 5 j) 5 □ 51 k) 5 □ 40 l) 5 □ 100

m) 6 □ 36 n) 15 □ 30 o) 9 □ 90 p) 60 □ 6

2 Lege Farben fest und markiere die Vielfachen in den unterschiedlichen Farben.
Setze dazu Punkte mit den entsprechenden Farben ins zugehörige Feld.

□ Vielfache von 4 □ Vielfache von 6 □ Vielfache von 8 □ Vielfache von 12

1	2	3	4	5	6	7	8	9	10	11	12	13	14	15	16	17	18	19	20
21	22	23	24	25	26	27	28	29	30	31	32	33	34	35	36	37	38	39	40
41	42	43	44	45	46	47	48	49	50	51	52	53	54	55	56	57	58	59	60
61	62	63	64	65	66	67	68	69	70	71	72	73	74	75	76	77	78	79	80
81	82	83	84	85	86	87	88	89	90	91	92	93	94	95	96	97	98	99	100

3 Ergänze jeweils die fehlende Ziffer bzw. das Wort.

a) 7 ist Teiler von 4_ b) 15 ist Teiler von 4_ c) 8 ist Teiler von 2_ d) 9 ist Teiler von 2_

e) 11 ist Teiler von 2_ f) 12 ist Teiler von 12_ g) 13 ist Teiler von 2_ h) 21 ist Teiler von 2_

i) 30 ist Vielfaches von _ j) 20 ist Vielfaches von 1_ k) 36 ist Vielfaches von 1_ l) 60 ist Vielfaches von 3_

m) 100 ist Vielfaches von 2_ n) 50 ist Vielfaches von 2_ o) 99 ist Vielfaches von 1_ p) 39 ist Vielfaches von 1_

q) 3 ist ________ von 24. r) 63 ist ________ von 9. s) 56 ist ________ von 8. t) 7 ist ________ von 56.

4 Ermittle mithilfe der Summenregel die Zahlen.

a) Unterstreiche alle Zahlen, die durch 3 teilbar sind.

300; 309; 618; 927; 929; 1 203; 2 403; 5 003

b) Unterstreiche alle Zahlen, die durch 7 teilbar sind.

700; 63; 763; 729; 140; 36; 203; 21 076

c) Unterstreiche alle Zahlen, die durch 12 teilbar sind.

929; 48; 3 600; 7 248; 60 012; 6 003; 1 260; 2 703

5 Gib jeweils die Zahlen nach der Größe geordnet an.

a) Alle Teiler von 100 sind … ______________________

b) Alle Teiler von 64 sind … ______________________

c) Vielfache von 15, die kleiner als 100 sind, sind … 30; 45; 60; 75; 90

d) Vielfache von 7, die kleiner als 100 sind, sind … ______________________

Anwenden und Vernetzen

6 Bilde zehnstellige Zahlen nur mit den vorgegebenen Ziffern. Verwende jeweils alle vorgegebenen Ziffern.

6 3 7 0

a) Die gebildete Zahl ist durch 1 Million teilbar.

6	3	7	0	0	0	0	0	0	0

b) Die gebildete Zahl ist kein Vielfaches von 2, 3, 6 und 10.

3	6	7	3	0	0	0	0	6	0

7 Heute ist Montag. Welcher Wochentag ist in 24 Tagen?
Diese und ähnliche Fragen können schnell mithilfe der folgenden Tabelle beantwortet werden.

Tage	24	75	105	141	149
Rest bei der Division der Tage durch 7	3	5	0	1	2
Wochentag	Do.	Sa.	Mo.	Di.	Mi.

a) Ergänze die Tabelle.
Beschreibe, wie mithilfe der Tabelle die Wochentage bestimmt werden können.

____

____

____

____

b) Martin überlegt: „Wenn ich den Rest bei der Division durch 30 bilde, kann ich auch das passende Datum finden.“
Was meinst du dazu?

____

Teilbarkeitsregeln

▶ Grundwissen

Eine Zahl ist … | Beispiele:

- durch 2 teilbar, wenn ihre letzte Ziffer gerade ist. ___ | 278
- durch 3 teilbar, wenn ihre Quersumme (Summe der Ziffern) durch 3 teilbar ist. ___ | 276 (___ | 15)
- durch 4 teilbar, wenn ihre letzten beiden Ziffern eine durch 4 teilbare Zahl bilden. 4 | 228
- durch 5 teilbar, wenn ihre letzte Ziffer eine 0 oder eine 5 ist. ___ | 225
- durch 6 teilbar, wenn sie durch 2 und 3 teilbar ist. 6 | 276
- durch 9 teilbar, wenn ihre Quersumme durch 9 teilbar ist. 9 | 297 (9 | 18)
- durch 10 teilbar, wenn am ende eine 0 steht 10 | 290

▶ Auftrag: Ergänze die Regeln und die Beispiele.

Trainieren

1 Kreuze an.

a) Teilbarkeit durch 2, 5 und 10

	10	20	45	100	130	153	162	180	195	196	199	220	645	896
Zahlen, die durch 10 teilbar sind														
Zahlen, die durch 5 teilbar sind														
Zahlen, die durch 2 teilbar sind														

b) Teilbarkeit durch 3, 6 und 9

	9	27	72	369	963	693	702	183	178	580	110	890	786	942
Zahlen, die durch 3 teilbar sind														
Zahlen, die durch 6 teilbar sind														
Zahlen, die durch 9 teilbar sind														

2 Welche Ziffern können jeweils an die Stelle des Sternchen gesetzt werden?

a) 4 | 7828* ______

b) 4 | 148*2 ______

c) 4 | 14873* ______

d) 4 | 1445*40 ______

3 Trage alle Teiler ein. Die Anzahl der Teiler ist 2; 4; 5 und 8.

a) Teiler von 16 sind ______

b) Teiler von 13 sind ______

c) Teiler von 35 sind ______

d) Teiler von 24 sind ______

4 Schreibe in die Kreise die vorgegebenen Teiler der Zahlen.
Hinweis:
Da 4 ein Teiler von 12 und 20 ist, gehört 4 in einen Kreis an den beiden Sternen.

1 2 3 4 5
6 10 12 15 20

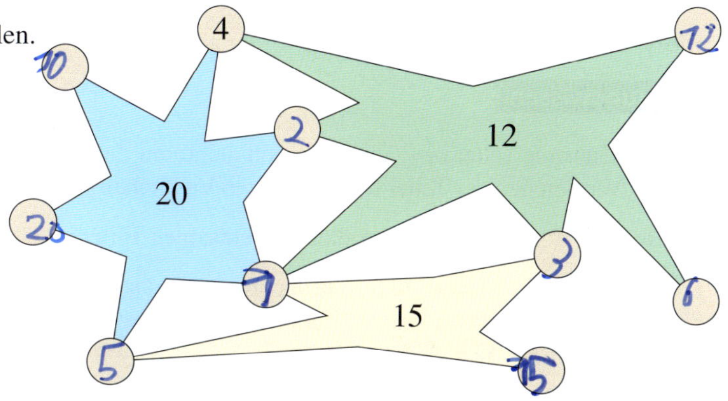

5 Kreuze an.

	72	105	396	45	320	457	5616	9632	6666	4852	2160
2 ist Teiler von ...											
3 ist Teiler von ...											
4 ist Teiler von ...											
5 ist Teiler von ...											
6 ist Teiler von ...											
9 ist Teiler von ...											
10 ist Teiler von ...											

Anwenden und Vernetzen

6 Finja, Laura, Max und Sofia trafen sich am 31. Dezember, nachdem sie geritten, geschwommen und gejoggt waren. Finja reitet jeden zweiten Tag. Laura schwimmt jeden fünften Tag. Max joggt jeden dritten Tag und Sofia jeden vierten Tag.

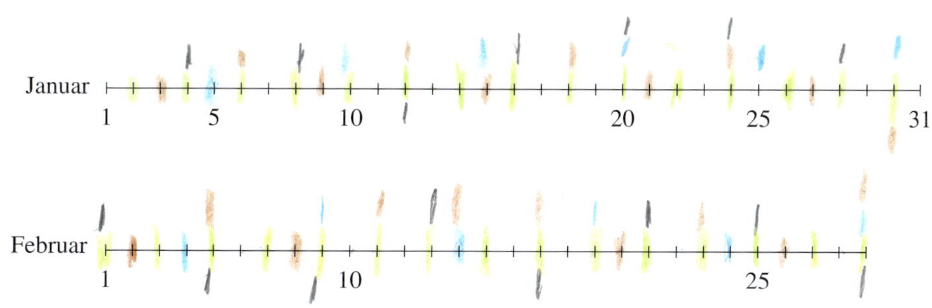

a) Markiere mit vier verschiedenen Farben, wer sich an welchen Tagen nach dem Sport treffen könnte.

b) Wer könnte sich am 20. Januar nach dem Sport treffen?

c) Nach jeweils wie vielen Tagen könnten sich alle nach dem Sport treffen?

d) Zusatzaufgabe: An welchem Tag könnten sich alle erstmals nach dem Sport treffen?

Gemeinsame Teiler und Vielfache

▶ Grundwissen

Gemeinsame Teiler bzw. Vielfache von mehreren Zahlen kann man durch das Finden und das Vergleichen der Teiler bzw. der ersten Vielfachen jeder der Zahlen ermitteln.

Beispiel ①: Ermitteln des größten gemeinsamen Teilers (ggT) von 30 und 12

$30 = 1 \cdot 30$ $\quad 12 = 1 \cdot 12$ $\quad$ Teiler von 30 sind somit 1; 2; 3; 5; $\underline{6}$; 10; 15 und 30.
$30 = 2 \cdot 15$ $\quad 12 = 2 \cdot \underline{6}$ $\quad$ Teiler von 12 sind somit 1; 2; 3; 4; $\underline{6}$ und 12.
$30 = 3 \cdot 10$ $\quad 12 = 3 \cdot 4$
$30 = 5 \cdot \underline{6}$ $\quad$ Größter gemeinsamer Teiler von 30 und 12 ist somit ___ (kurz: ggT (30; 12) = ___).

Beispiel ②: Ermitteln des kleinsten gemeinsamen Vielfachen (kgV) von 30 und 12

$30 \cdot 1 = 30$ $\quad 12 \cdot 1 = 12$
$30 \cdot 2 = \underline{60}$ $\quad 12 \cdot 2 = 24$ $\quad$ Vielfache von 30 sind somit 30; $\underline{60}$; 90; 120; …
$30 \cdot 3 = 90$ $\quad 12 \cdot 3 = 36$ $\quad$ Vielfache von 12 sind somit 12; 24; 36; 48; $\underline{60}$; …
$30 \cdot 4 = 120$ $\quad 12 \cdot 4 = 48$
$12 \cdot 5 = \underline{60}$ $\quad$ Kleinstes gemeinsames Vielfaches von 30 und 12 ist ___ (kurz: kgV (30; 12) = ___).

▶ **Auftrag:** Ergänze die Beispiele und beschreibe das Vorgehen.

Trainieren

1

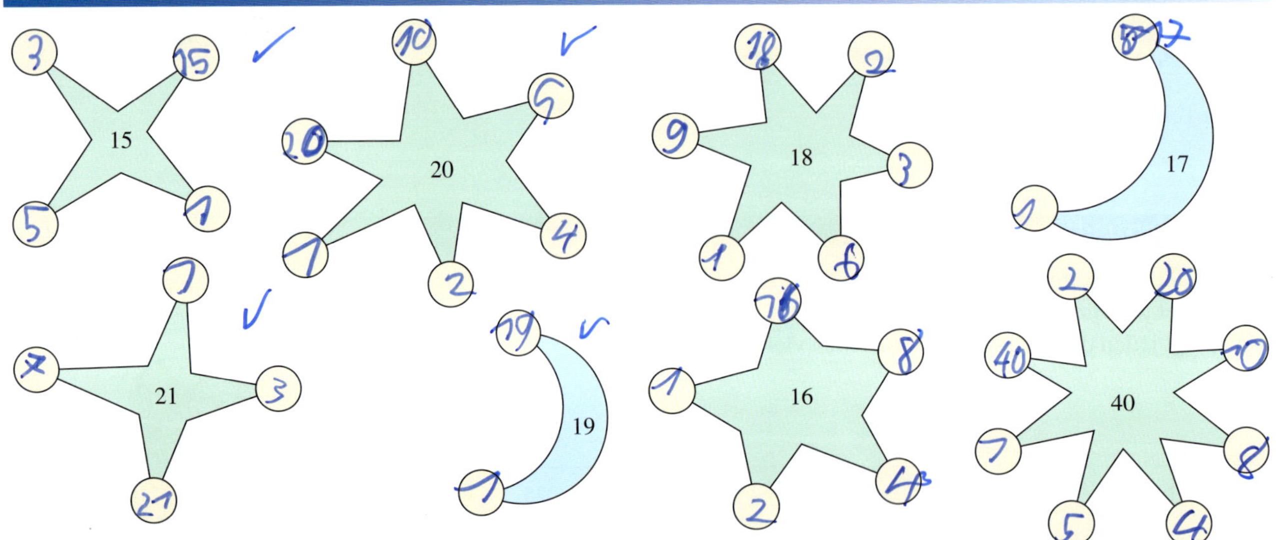

a) Schreibe jeweils in die Kreise die Teiler der vorgegebenen Zahl.

b) Gib jeweils mithilfe der „Sterne" und „Monde" den größten gemeinsamen Teiler (ggT) an.

ggT (15; 20) = 5 $\quad$ ggT (18; 20) = 2 $\quad$ ggT (17; 20) = 1 $\quad$ ggT (18; 21) = 3
ggT (16; 20) = 4 $\quad$ ggT (15; 40) = 5 $\quad$ ggT (20; 40) = 20 $\quad$ ggT (16; 40) = 8
ggT (16; 18; 40) = 4 $\quad$ ggT (16; 20; 40) = 4 $\quad$ ggT (16; 18; 19) = 1 $\quad$ ggT (15; 20; 40) = 5

2 Schreibe jeweils zuerst alle Teiler der Zahlen auf. Gib danach den größten gemeinsamen Teiler (ggT) je zwei der Zahlen an.

Teiler von 100 sind ______ $\quad$ Teiler von 32 sind ______
Teiler von 30 sind ______ $\quad$ Teiler von 80 sind ______

ggT(100; 32) = ____ $\quad$ ggT(32; 30) = ____ $\quad$ ggT(30; 80) = ____ $\quad$ ggT(32; 80) = ____

3 Schreibe jeweils zuerst die ersten sechs Vielfachen auf.
Gib danach das kleinste gemeinsame Vielfache (kgV) je zwei der Zahlen an.

Vielfache von 5 sind 10; 15; 20; 25; 30; 35 Vielfache von 10 sind 10; 20; 30; 40; 50; 60

Vielfache von 15 sind 30; 45; 60; 75; 90; 105 Vielfache von 6 sind 6; 12; 18; 24; 30; 36

kgV(5; 10) = 10 kgV(5; 15) = 15 kgV(10; 15) = 30 kgV(5; 6) = 30

4 Ermittele jeweils das kleinste gemeinsame Vielfache (kgV).
Hinweis: Schreibe, wenn nötig, Vielfache jeder Zahl auf ein zusätzliches Blatt.

kgV (2; 3) = 6 kgV (3; 4) = 12 kgV (4; 5) = 20 kgV (4; 8) = 8

kgV (15; 30) = 30 kgV (4; 10) = 20 kgV (6; 21) = 42 kgV (4; 25) = 100

kgV (2; 4; 8) = 8 kgV (3; 9; 18) = 18 kgV (2; 5; 12) = 60 kgV (2; 3; 5) = 30

Anwenden und Vernetzen

5 Jede natürliche Zahl, die keine Primzahl ist und größer als 1 ist, kann in Primfaktoren zerlegt werden.

Sarah

Der größte gemeinsame Teiler (ggT) ist das Produkt gemeinsamer kleinstmöglicher Primfaktoren.

$108 = 2 \cdot 2 \cdot 3 \cdot 3 \cdot 3 = 2^2 \cdot 3^3$
$150 = 2 \cdot 3 \cdot 5 \cdot 5 = 2 \cdot 3 \cdot 5^2$

$ggT(108; 150) = 2 \cdot 3 = 6$

Jan

Das kleinste gemeinsame Vielfache (kgV) ist das Produkt der Primfaktoren mit der höchsten Potenz.

$108 = 2 \cdot 2 \cdot 3 \cdot 3 \cdot 3 = 2^2 \cdot 3^3$
$150 = 2 \cdot 3 \cdot 5 \cdot 5 = 2 \cdot 3 \cdot 5^2$

$kgV(108; 150) = 2^2 \cdot 3^3 \cdot 5^2 = 2700$

a) Zahlen, die größer als 1 sind und nur durch 1 und sich selbst teilbar sind nennt man Primzahlen.
Schreibe die ersten zehn Primzahlen auf.

____

b) Sarah meint: ggT (108; 150) = 6.
Überprüfe dies. Gib dazu alle Teiler von 108 und 150 an und unterstreiche danach den größten gemeinsamen Teiler.

Teiler von 108 sind ____________________

Teiler von 150 sind ____________________

c) Ist 2 700 ein Vielfaches von 108 und 150? Das Wievielfache ist es?

____

____

d) Ermittle mithilfe der Primfaktorzerlegung den größten gemeinsamen Teiler wie Sarah und das kleinste gemeinsame Vielfache wie Jan.

40 = 5 · ☐ · ☐ · ☐ = ☐ · ☐

60 = ☐ · ☐ · ☐ · ☐ = ☐ · ☐ · ☐

ggT (40; 60) = __________ kgV (40; 60) = __________

Dezimalbrüche

▶ Grundwissen

- Die Stellenwerttafel kann hinter den Einern (E) nach rechts erweitert werden.
  Die Stellen hinter dem Komma heißen Zehntel (z), Hundertstel (h), Tausendstel (t) usw.

  Beispiele:
  0,1 m sind 1 Zehntel Meter.
  0,15 m sind 1 Zehntel Meter und 5 Hundertstel Meter.
  0,157 m sind 1 Zehntel Meter, 5 Hundertstel Meter und 7 Tausendstel Meter.
  0,1574 m sind …

Z	E	z	h	t	zt
	0	1			

- Dezimalbrüche sind Brüche in einer anderen Schreibweise.

  Beispiele:
  $0{,}1\text{ m} = \frac{1}{10}\text{ m}$ $\quad 0{,}15\text{ m} = \frac{15}{100}\text{ m}$ $\quad 0{,}157\text{ m} = \frac{157}{1\,000}\text{ m}$ $\quad 0{,}1574\text{ m} = \frac{1\,574}{10\,000}\text{ m}$

▶ **Auftrag:** Trage die Zahlen in die Stellenwerttafel ein.

Trainieren

1 Ergänze die Stellenwerttafel und die Tabelle.
Verwende nur 10, 100 oder 1000 als Nenner.

H	Z	E	,	z	h	t
		6	,	7		
4	0	2	,	0	0	3
	8	0	,	0	9	
		7	,	2		
		0	,	1	0	4
		0	,	0	7	

Dezimalbruch	Bruch	gemischte Zahl
6,7	$\frac{67}{10}$	$6\frac{7}{10}$
88,67		
	$\frac{4\,792}{10}$	
	$\frac{142}{10}$	
		$886\frac{63}{100}$
		$1\frac{367}{1\,000}$
		–
		–

2 Schreibe an die farbig markierten Stellen entsprechende Brüche und Dezimalbrüche.
Zusatzaufgabe: Gib, wenn möglich, den gekürzten Bruch und die gemischte Zahl an.

a)
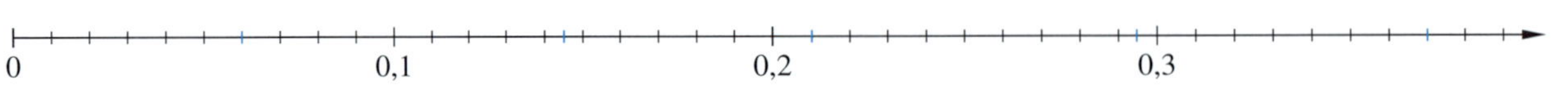

b)
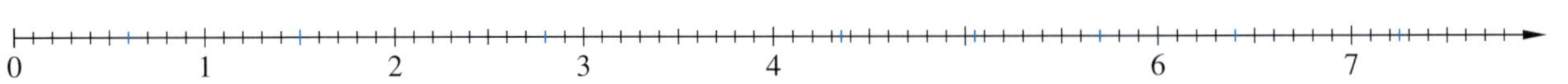

3 Markiere gleichwertige Terme mit der gleichen Farbe.
Hinweis: Du benötigst fünf Farben.

12,3	1,23	0,123	0,0123	1,023	$1\frac{23}{1000}$	$1\frac{23}{100}$
$12\frac{3}{10}$	$\frac{123}{10}$	$\frac{123}{100}$	$\frac{123}{1000}$	$\frac{123}{10000}$	$\frac{1230}{100000}$	

4 Kreuze jeweils alle Streckenlängen an, die dazwischen liegen.
Zusatzaufgabe: Markiere jeweils entsprechende Stellen am Zahlenstrahl auf einem zusätzlichen Blatt.

a) 2,05 cm und 2,10 cm	☐ 2,07 cm	☐ 2,89 cm	☐ 2,06 cm	☐ 2,20 cm	☐ 3,89 cm
b) 5,263 cm und 5,27 cm	☐ 5,265 cm	☐ 5,261 cm	☐ 5,06 cm	☐ 5,2 cm	☐ 5,269 cm
c) 67,5 m und 67,4 m	☐ 67,47 m	☐ 67,57 m	☐ 67,472 m	☐ 67,572 m	☐ 67,401 m
d) 0,40 m und 0,41 m	☐ 0,401 m	☐ 0,409 m	☐ 0,041 m	☐ 0,42 m	☐ 4,05 dm

Anwenden und Vernetzen

5 Alex, Martin, Simon, Pascal, Jan und Felix starteten bei einem Wettkampf beim Weitsprung, beim Hochsprung und beim 50-m-Lauf.

	50-m-Lauf	Hochsprung	Weitsprung
Alex	9,7 s	1,10 m	3,12 m
Martin	11,7 s	1,15 m	3,29 m
Simon	9,4 s	0,90 m	3,17 m
Pascal	11,2 s	1,20 m	3,25 m
Jan	10,9 s	1,05 m	3,07 m
Felix	11,9 s	1,15 m	3,32 m

a) Ermittle für jede Disziplin, wer den ersten, zweiten bzw. dritten Platz belegte.

50-m-Lauf: ______________________

Hochsprung: ______________________

Weitsprung: ______________________

b) Gib jeweils den Unterschied zwischen dem besten und dem schlechtesten Ergebnis an.

50-m-Lauf: ______________________

Hochsprung: ______________________

Weitsprung: ______________________

c) Wie sind die ersten drei Plätze in der Gesamtwertung zu vergeben? Begründe deine Entscheidung.

____

____

Umwandeln von Brüchen in Dezimalbrüche

▶ Grundwissen

- Umwandeln mithilfe eines Bruchs mit dem Nenner 10 oder 100 oder 1000 oder … (Zehnerbruch)

Beispiele: $\frac{1}{5} = \frac{20}{100} = 0{,}20 = 0{,}2$ $\qquad 1\frac{1}{4} = \frac{5}{4} = \frac{125}{100} =$ ____________

- Umwandeln mithilfe der Division

Beispiele:

$\frac{1}{3}$		1	:	3	=	0,	3	3	…	=	0,	$\overline{3}$
		0										
	→	1	0									
			9									
		→	1	0								
				9								
				⋮								

$\frac{17}{11}$		1	7	:	1	1	=	1,	$\overline{5}$	$\overline{4}$
		1	1							
		→	6	0						
			5	5						
				5	0					
				4	4					
				→	6	0				
					⋮					

- Ein Dezimalbruch kann nach dem Komma entweder endlich viele Ziffern haben oder eine sich ständig wiederholende Ziffer oder Ziffernfolge besitzen, die man Periode nennt und mit einem Strich kennzeichnet.

▶ **Auftrag:** Ergänze den Dezimalbruch.

Trainieren

1 Ergänze.

a) Erweitere zuerst auf einen Zehnerbruch und schreibe diesen danach als Dezimalbruch.

Bruch	$\frac{2}{5}$	$\frac{27}{50}$	$\frac{3}{20}$	$\frac{123}{500}$	$\frac{3}{2}$	$\frac{8}{5}$	$\frac{111}{25}$	$\frac{102}{50}$
Zehnerbruch								
Dezimalbruch								

b) Kürze zuerst auf einen Zehnerbruch und schreibe diesen danach als Dezimalbruch.

Bruch	$\frac{12}{20}$	$\frac{28}{40}$	$\frac{40}{800}$	$\frac{39}{300}$	$\frac{60}{50}$	$\frac{120}{50}$	$\frac{309}{30}$	$\frac{8\,002}{2\,000}$
Zehnerbruch								
Dezimalbruch								

c) Unterstreiche in den Tabellen bei den Teilaufgaben **a** und **b** jeweils die kleinste Zahl.

2 Wandle die Brüche mithilfe der Division in Dezimalbrüche um.

a) $\frac{19}{5} =$ ____________ **b)** $\frac{3}{4} =$ ____________ **c)** $\frac{17}{20} =$ ____________ **d)** $4\frac{1}{5} =$ ____________

3 Wandle die Brüche mithilfe der Division in Dezimalbrüche um. Kennzeichne die Periode mit dem Strich.

a) $\frac{2}{3} =$ ______ b) $\frac{1}{9} =$ ______ c) $\frac{20}{11} =$ ______ d) $1\frac{4}{9} =$ ______

4 Markiere gleichwertige Zahlen mit der gleichen Farbe.
Hinweis: Du benötigst fünf Farben.

$\frac{12}{99}$	$\frac{2}{9}$	$\frac{9}{2}$	$\frac{33}{4}$	$\frac{20}{9}$	$2\frac{2}{9}$	$4\frac{1}{2}$	
$8\frac{1}{4}$	$\frac{4}{33}$	$\frac{20}{90}$	$0{,}\overline{2}$	$0{,}\overline{12}$	$2{,}\overline{2}$	4,5	8,25

Anwenden und Vernetzen

5 Frau Holm will $\frac{1}{4}$ kg ihres Lieblingskäses kaufen.
Sie findet abgepackte Käsestücke mit folgenden Angaben:
0,243 kg; 0,356 kg; 0,264 kg; 0,257 kg; 0,399 kg; 0,156 kg; 0,142 kg.

a) Ordne die Angaben nach der Größe.

______

______

b) Welche Stücke sind am nächsten an der Größe $\frac{1}{4}$ kg?

______

6 Verbinde jeweils eine Zahl mit der nächstkleineren Zahl.
Hinweis: Nutze für Rechnungen ein zusätzliches Blatt.

0,36; 0,06; $0{,}3\overline{6}$; 0,015; $\frac{17}{1000}$; $\frac{3}{8}$; $\frac{3}{7}$; 2,3; $\frac{7}{3}$; $2\frac{3}{5}$; 3,014; 3,041; 3,41; $2\frac{2}{3}$; $\frac{91}{9}$; $10\frac{1}{10}$; $8\frac{1}{11}$; 7,45; $\frac{730}{99}$; $\frac{25}{4}$; $\frac{36}{5}$; 10,01; 7,54; 8; $\frac{38}{5}$; $7{,}\overline{2}$; $8\frac{1}{10}$; $\frac{39}{5}$; 10

Winkel und Winkelarten

▶ Grundwissen

- Ein Winkel wird durch zwei Schenkel begrenzt, die von einem gemeinsamen Punkt ausgehen. Diesen Ausgangspunkt nennt man Scheitelpunkt.

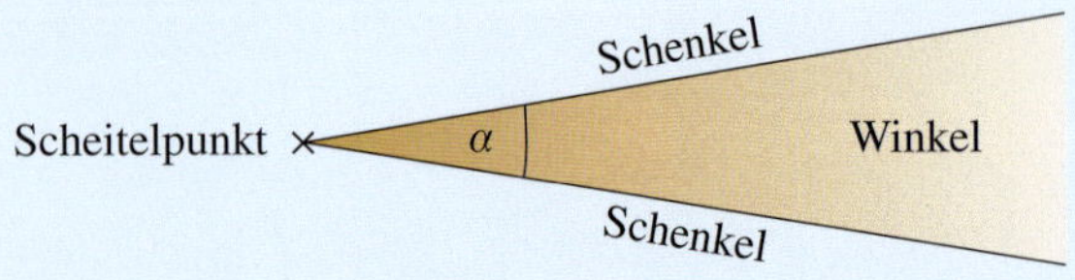

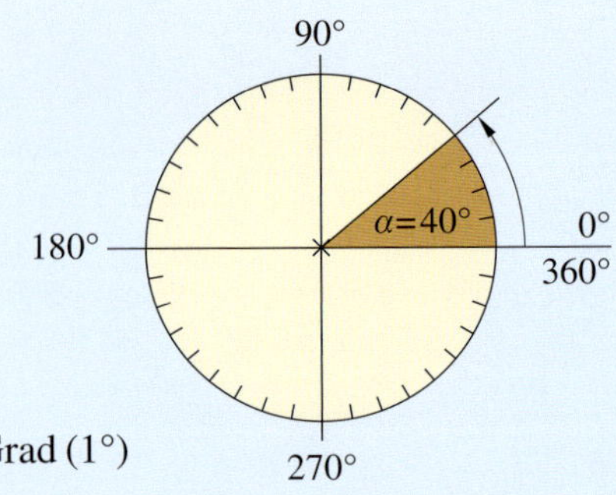

- Eine Einheit für die Größe eines Winkels ist Grad. Winkel der Größe ein Grad (1°) erhält man, wenn ein Kreis in 360 gleich große Teile unterteilt wird.
- Winkelarten im Überblick

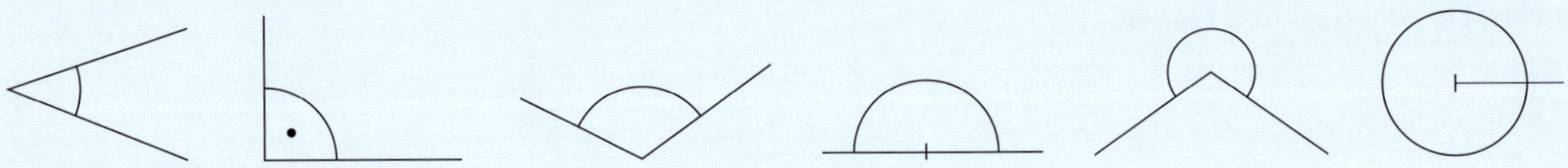

spitzer Winkel | __________ Winkel | stumpfer Winkel | __________ Winkel | überstumpfer Winkel | Vollwinkel

▶ Auftrag: Ergänze die fehlenden Winkelbezeichnungen.

Trainieren

1 Ergänze die Winkelbezeichnungen.

a) Ein Winkel, dessen Größe zwischen 0° und 90° liegt, heißt ____________________

b) Ein Winkel, dessen Größe zwischen 90° und 180° liegt, heißt ____________________

c) Ein Winkel, dessen Größe zwischen 180° und 360° liegt, heißt ____________________

d) Ein Winkel, dessen Größe 90° beträgt, heißt ____________________

e) Ein Winkel, dessen Größe 180° beträgt, heißt ____________________

f) Ein Winkel, dessen Größe 360° beträgt, heißt ____________________

2 Streiche zuerst in den Zeichnungen den einen nicht passenden Winkel durch und ergänze die Winkelbezeichnungen. Kreuze danach das Zutreffende an.
Hinweis: Mithilfe eines Blattes Papier können 90° und 180° große Winkel ermittelt werden.

	kleiner als 90°	90°	größer als 90°	kleiner als 180°	180°	größer als 180°
__________ Winkel 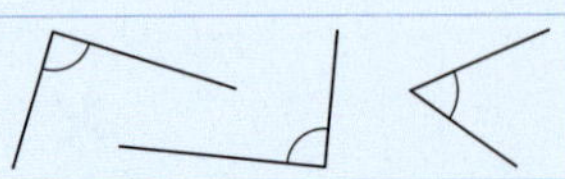						
__________ Winkel 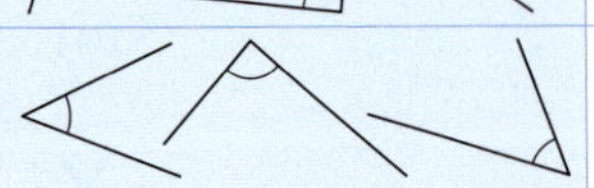						
__________ Winkel 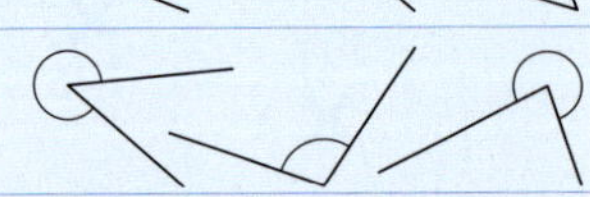						
__________ Winkel 						

3 Kennzeichne jeweils den Winkel durch einen Winkelbogen.

a) rechter Winkel

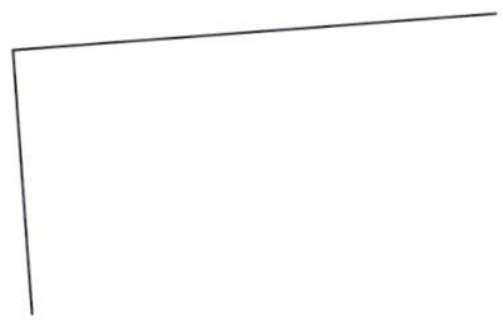

b) stumpfer Winkel

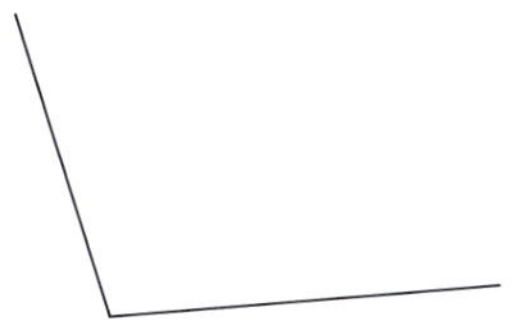

c) überstumpfer Winkel

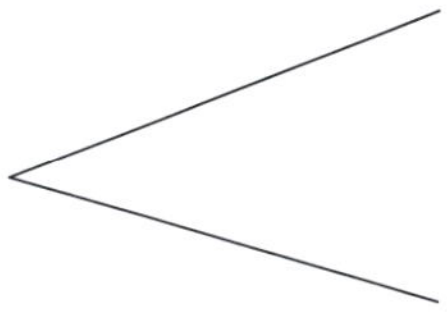

d) spitzer Winkel

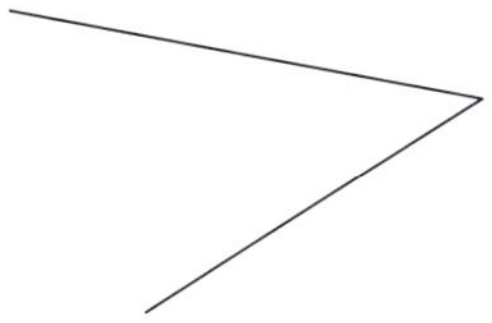

4 Schätzen und markieren von Winkeln

a) Lege Farben fest und markiere entsprechende Winkel.

☐ rechte Winkel

☐ stumpfe Winkel

☐ spitze Winkel

☐ überstumpfe Winkel

b) Schätze jeweils die Größe folgender Winkel.

$\alpha =$ __________

$\beta =$ __________

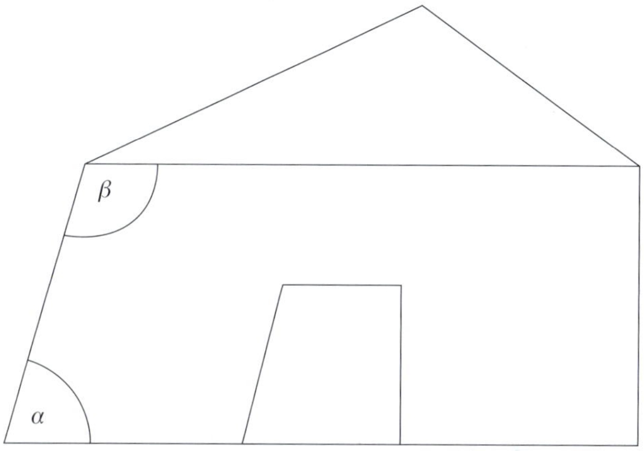

Anwenden und Vernetzen

5 Gib die Größe der Winkel zwischen den Himmelsrichtungen an.

a) Norden und Osten __________

b) Süden und Nordwesten __________

c) Südwesten und Osten __________

6 Bei einem Billardspiel wird die weiße Kugel in die angegebene Richtung gestoßen.
Die Kugel prallt jeweils im gleichen Winkel von der Bande ab, wie sie auf die Bande trifft.
Ermittle, ob die Kugel innerhalb von 3 Bandenberührungen eine andere Kugel anstößt.

Winkel messen und zeichnen

▶ Grundwissen

Winkel können mit dem Geodreieck gemessen und gezeichnet werden.

Beispiele:

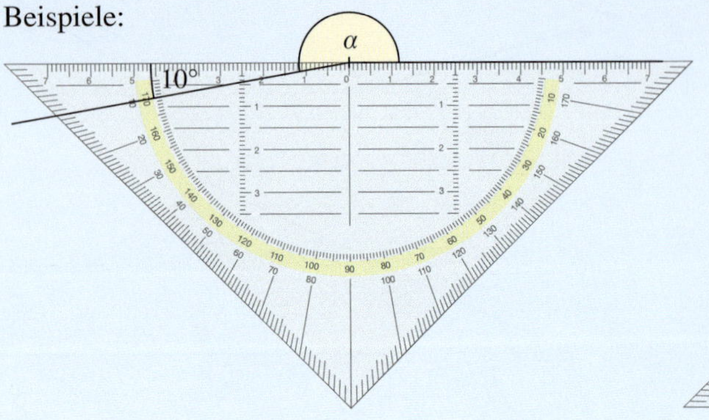

$\alpha = 180° +$ ______

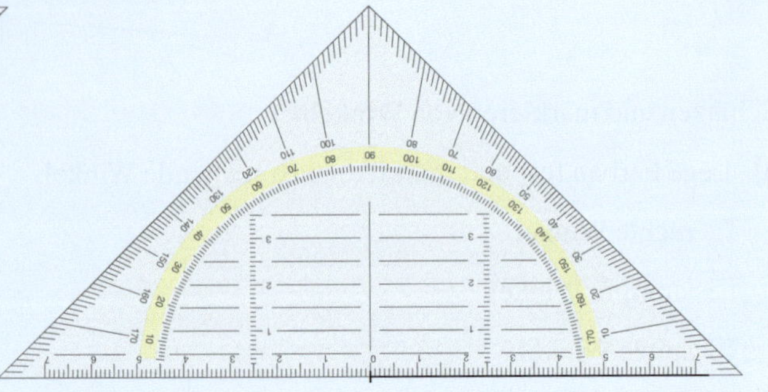

$\beta = 135°$

▶ Auftrag: Gib zuerst die Größe von α an. Zeichne danach den fehlenden Schenkel von β.

Trainieren

65° | 70° | 72° | 108° | 110° | 115°

1 Ordne passende Winkelgrößen zu.

a)

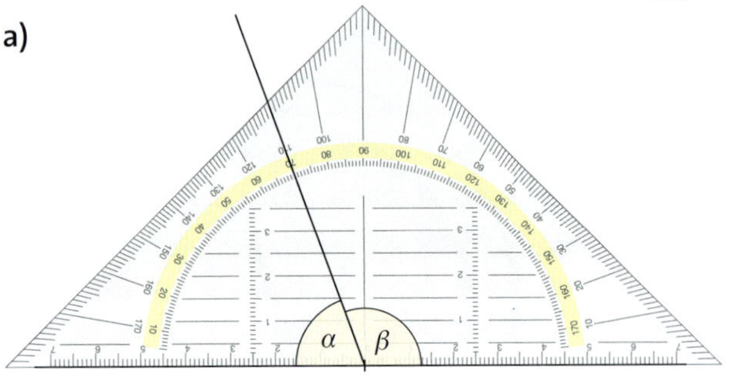

$\alpha =$ ____ und $\beta =$ ____

b)

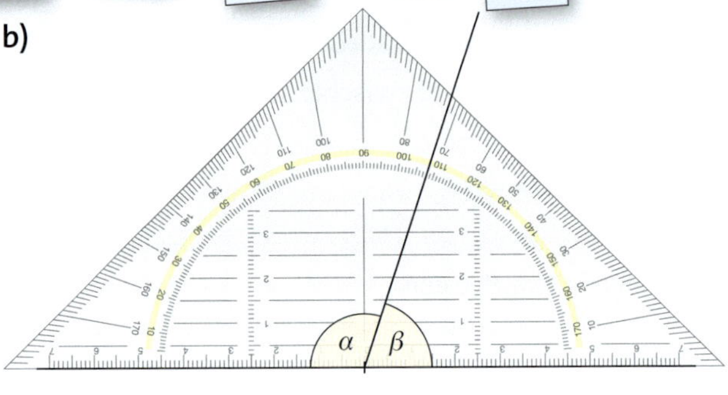

$\alpha =$ ____ und $\beta =$ ____

2 Trage die Winkelgrößen in die Winkelbögen ein.

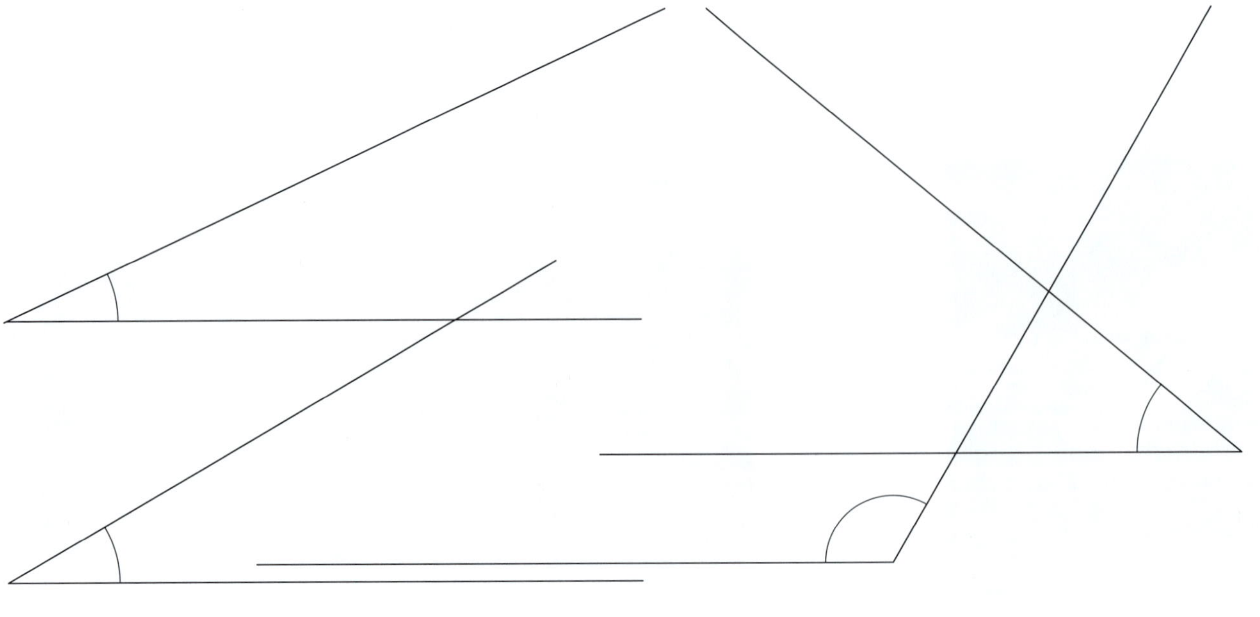

3 Ergänze jeweils zu einem Winkel mit der angegebenen Größe.

a) $\alpha = 50°$ b) $\beta = 150°$ c) $\gamma = 125°$

Anwenden und Vernetzen

4 Winkel im und am Dreieck

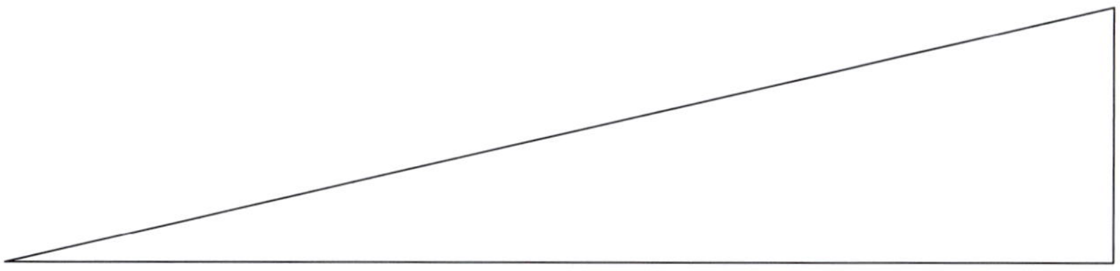

a) Trage die Winkelgrößen in die Winkelbögen ein.

b) Prüfe, ob die Innenwinkelsumme des Dreiecks 180° beträgt. ____________

c) Prüfe, ob die Außenwinkelsumme des Dreiecks 900° beträgt. ____________

5 Welcher Hase springt vom Ende der Linie in welchen Bau?

Löffelchen (oben)

	1. Sprung	2. Sprung	3. Sprung
Winkel	45° nach links	60° nach rechts	20° nach links
Länge	5 m	4,5 m	3,5 m

Öhrchen (unten)

	1. Sprung	2. Sprung	3. Sprung
Winkel	10° nach rechts	25° nach links	32° nach rechts
Länge	4 m	5 m	5 m

Löffelchen ________

Öhrchen ________

1 m

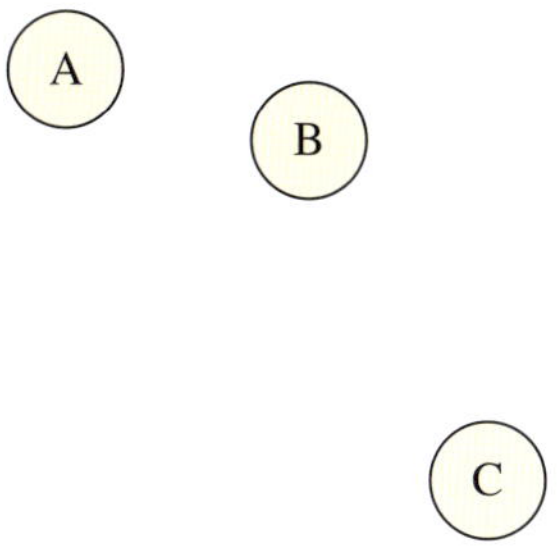

Winkel an Geradenkreuzungen

► Grundwissen

- Die Winkel α und γ sind ein Paar ______________________
  Sie sind gleich groß.
- Die Winkel α und β sind ein Paar ______________________
  Sie sind zusammen 180° groß.

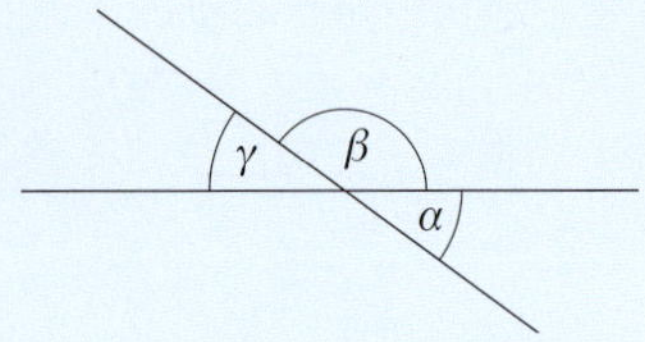

- Die Winkel α und δ sind ein Paar ______________________
  Sie sind an geschnittenen Parallelen gleich groß.
- Die Winkel α und ε sind ein Paar ______________________
  Sie sind an geschnittenen Parallelen gleich groß.

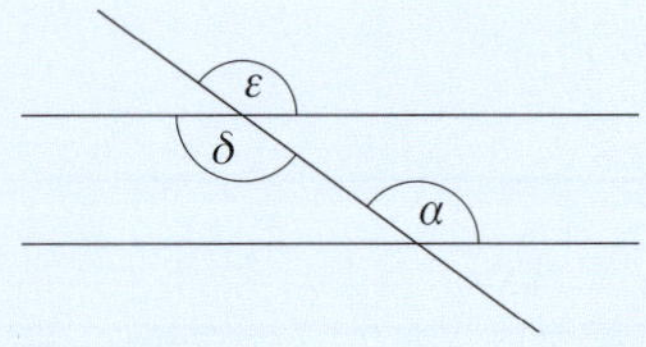

► Auftrag: Ergänze Fachbegriffe.

Trainieren

1 Scheitelwinkel und Nebenwinkel

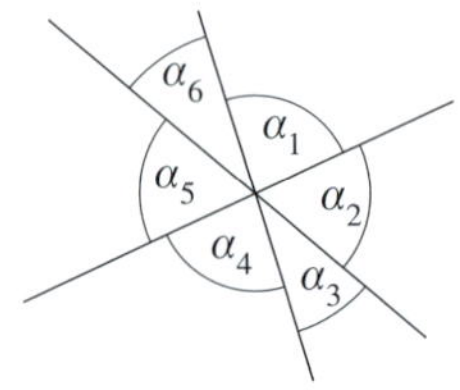

a) Gib alle Scheitelwinkelpaare an. ______________________

b) Welche Winkel bilden zusammen Nebenwinkel von α_1? ______________________

2 Gib alle Paare von Stufenwinkeln bzw. Wechselwinkeln an.

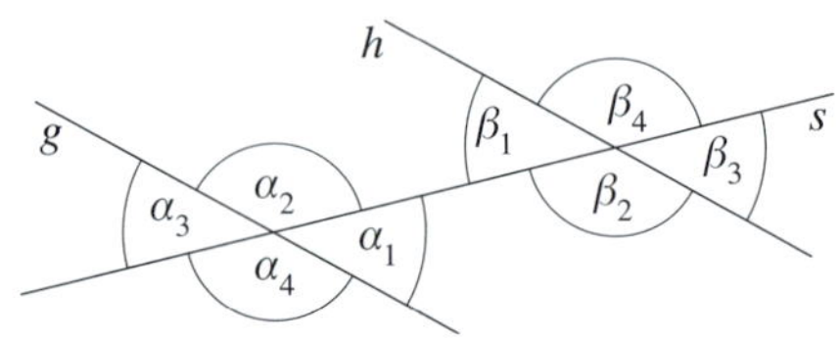

Paare von Stufenwinkeln: ______________________

Paare von Wechselwinkeln: ______________________

3 Winkel an geschnittenen Parallelen

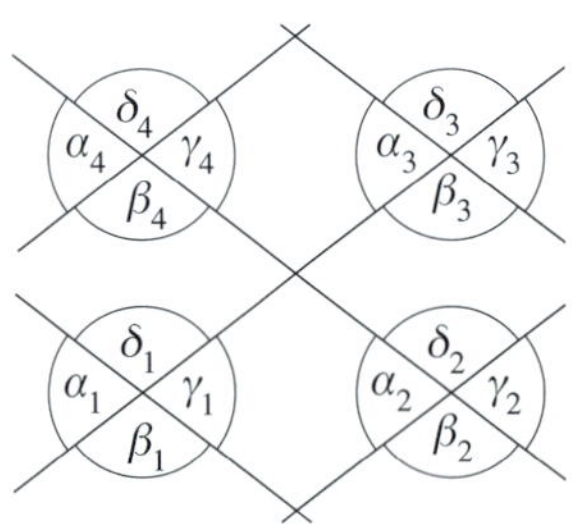

a) Markiere entsprechende Winkel.

Lege zuvor die Farben fest.

☐ Scheitelwinkel zu δ_4
☐ Nebenwinkel zu α_1
☐ Wechselwinkel zu β_2
☐ Stufenwinkel zu γ_3

b) Benenne die Winkelpaare.

α_3 und β_3 sind ein Paar ______________________

δ_2 und β_2 sind ein Paar ______________________

α_2 und α_4 sind ein Paar ______________________

γ_1 und α_3 sind ein Paar ______________________

γ_4 und α_2 sind ein Paar ______________________

γ_3 und α_3 sind ein Paar ______________________

δ_2 und β_2 sind ein Paar ______________________

δ_2 und α_2 sind ein Paar ______________________

c) Stell dir vor, die Lage der Geraden – „der Holzlatten“ – wird etwas verändert.
Dadurch ist keine mehr parallel zu einer anderen.
Welche Auswirkungen hat dies auf folgende Winkelpaare?

α_1 und δ_1 sind ______________________

α_2 und γ_4 sind ______________________

4 Buchstaben aus Paaren zueinander paralleler Strecken

a) Markiere Winkel, die so groß sind wie der blaue Winkel, im jeweiligen Buchstaben farbig.

b) Markiere in einer anderen Farbe Winkel, die jeweils mit dem blauen Winkel zusammen 180° ergeben.
Zusatzaufgabe: Begründe deine Entscheidungen.

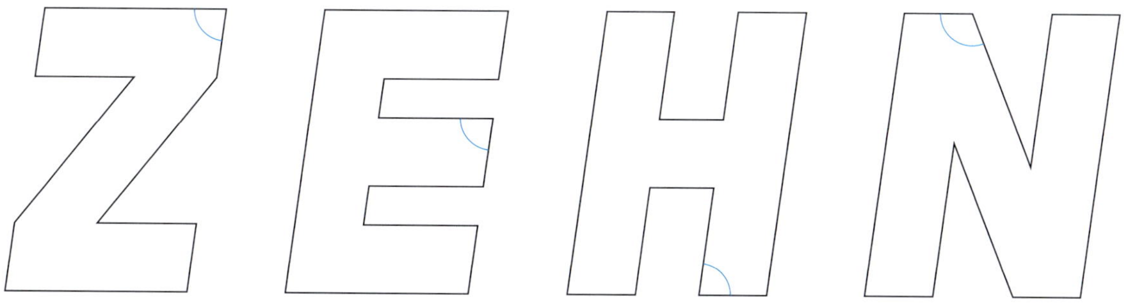

Anwenden und Vernetzen

5 Können die Angaben stimmen?

a) $\alpha_1 = 46°; \beta_1 = 134°; \gamma_1 = 46°; \delta_1 = 134°$ ☐ ja ☐ nein
b) $\alpha_1 = 25°; \alpha_2 = 25°; \alpha_3 = 25°; \alpha_4 = 25°$ ☐ ja ☐ nein
c) $\alpha_1 = 37°; \gamma_1 = 37°; \alpha_2 = 37°; \gamma_2 = 37°$ ☐ ja ☐ nein
d) $\alpha_1 = 77°; \gamma_1 = 77°; \alpha_4 = 77°; \gamma_4 = 77°$ ☐ ja ☐ nein
e) $\alpha_1 = 45°; \delta_2 = 125°; \alpha_2 = 45°; \beta_2 = 125°$ ☐ ja ☐ nein
f) $\alpha_1 = 92°; \alpha_4 = 54°; \beta_1 = 88°; \beta_3 = 126°$ ☐ ja ☐ nein

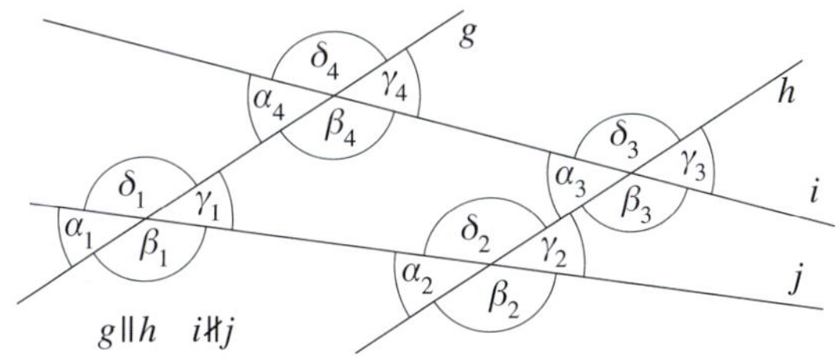

6 Die Geraden g und h sind parallel zueinander.
Berechne die Größe von α.
Hinweis: Zeichne eine weitere Gerade ein.

____

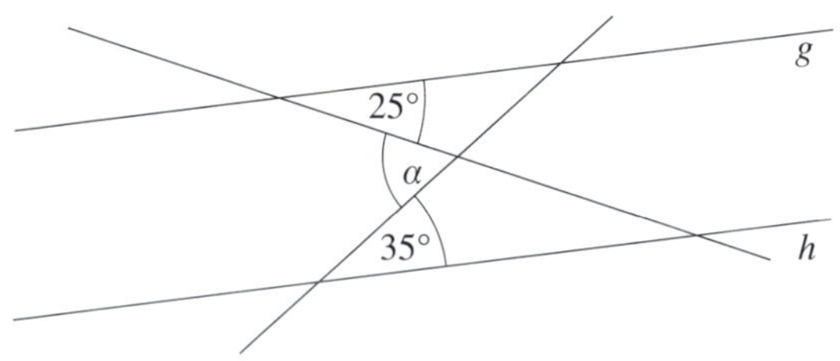

7 Winkel in bzw. an Parallelogrammen und Trapezen

a) Zeichne jeweils zwei Geraden, sodass ein Parallelogramm und ein nicht gleichschenkliges Trapez entstehen.
Zähle die Anzahl der entstandenen Paare gleich großer Stufen- und Wechselwinkel.

① Parallelogramm

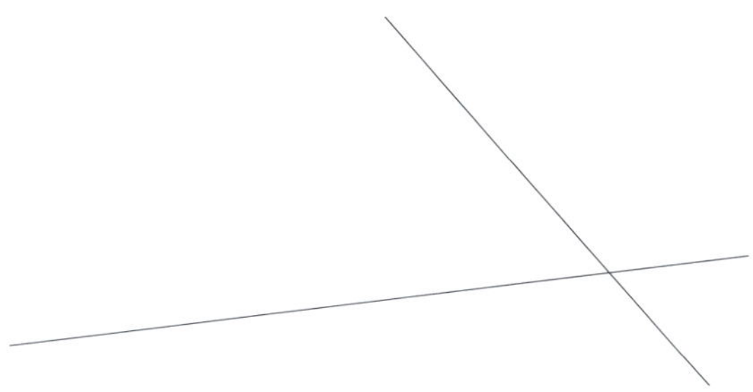

Paare gleich großer Stufenwinkel: __________

Paare gleich großer Wechselwinkel: __________

② nicht gleichschenkliges Trapez

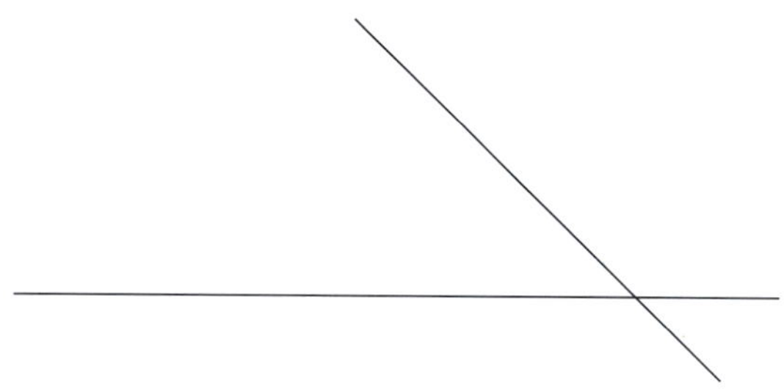

Paare gleich großer Stufenwinkel: __________

Paare gleich großer Wechselwinkel: __________

b) In einem Parallelogramm ist ein Innenwinkel 60° groß. Berechne die Größen der anderen Innenwinkel.
Hinweis: Nutze die Zeichnung bei Teilaufgabe **a**.

____

Benennung von Dreiecken

▶ Grundwissen

Einteilung nach den Seiten und Winkeln

Beispiele:

- Jedes gleichseitige Dreieck hat ____________________ Seiten.
- Jedes gleichschenklige Dreieck hat ____________________ Seiten.
- Jedes unregelmäßige Dreieck hat ____________________ Seiten.
- Jedes spitzwinklige Dreieck hat ____________________ Winkel.
- Jedes rechtwinklige Dreieck hat ____________________ Winkel.
- Jedes stumpfwinklige Dreieck hat ____________________ Winkel.

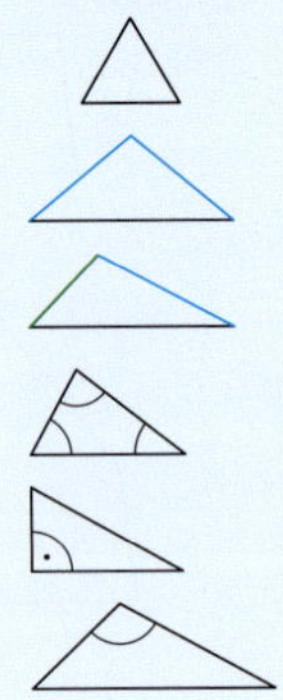

▶ Auftrag: Ergänze die Sätze.

Trainieren

1 Markieren von Dreiecken

a) Markiere rechts entsprechende Dreiecke.
Lege zuvor die Farben fest.

☐ gleichseitiges Dreieck

☐ gleichschenkliges Dreieck

☐ unregelmäßiges Dreieck

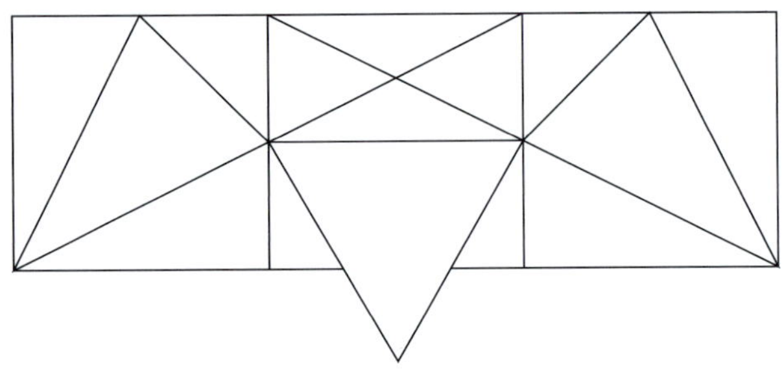

b) Markiere rechts entsprechende Dreiecke.
Lege zuvor die Farben fest.

☐ spitzwinklige Dreiecke

☐ rechtwinklige Dreiecke

☐ stumpfwinklige Dreiecke

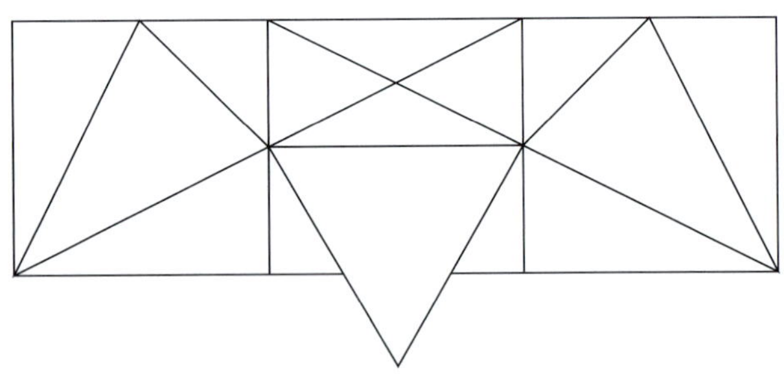

2 Ergänze die Tabelle.
Zusatzaufgabe: Was fällt in der letzten Spalte auf? Wieso ist das so?

	unregelmäßiges Dreieck	gleichschenkliges Dreieck	gleichseitiges Dreieck
spitzwinkliges Dreieck			
rechtwinkliges Dreieck		ΔABC	
stumpfwinkliges Dreieck			

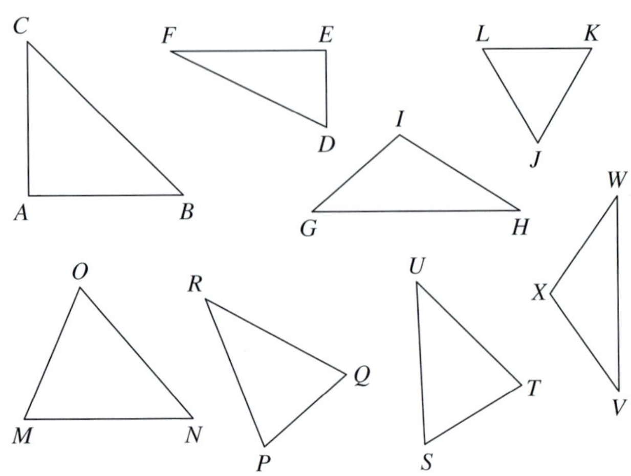

3 Ergänze die fehlenden Koordinaten.
Hinweis: Vergleicht die Vorschläge untereinander.

a) Dreieck *ABC* ist spitzwinklig und nicht gleichschenklig mit $C($ ___ $|$ 6 $)$.

b) Dreieck *ABC* ist spitzwinklig und gleichschenklig mit $C($ ___ $|$ 12 $)$.

c) Dreieck *ABC* ist stumpfwinklig und nicht gleichschenklig mit $C($ ___ $|$ 11 $)$.

d) Dreieck *ABC* ist rechtwinklig und gleichschenklig mit $C($ ___ $|$ ___ $)$.

e) Dreieck *ABC* ist rechtwinklig und nicht gleichschenklig mit $C($ ___ $|$ ___ $)$.

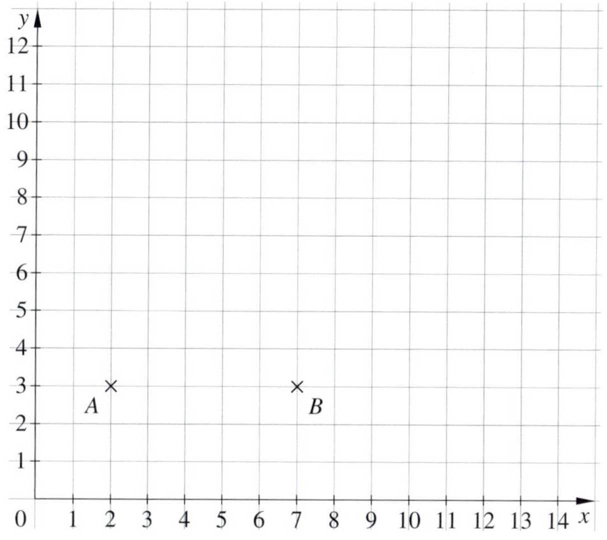

Anwenden und Vernetzen

4 Dreiecke aus Münzen

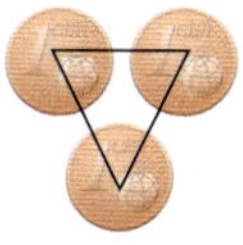

a) Auf einem Tisch liegen 12 Münzen. Skizziere alle unterschiedlich großen gleichseitigen Dreiecke, die aus den vorhandenen Münzen gelegt werden können.

b) Wie viele Münzen sind jeweils mindestens umzulegen, damit eine Spitze in eine andere Richtung zeigt? Schreibe die Anzahl an die Skizze.

5 Suchen und Entdecken von Figuren

a) Gib die jeweilige Anzahl der Dreiecke einer Art an.

gleichseitige Dreiecke ___

gleichschenklige Dreiecke ___

unregelmäßige Dreiecke ___

rechtwinklige Dreiecke ___

spitzwinklige Dreiecke ___

stumpfwinklige Dreiecke ___

Dreiecke insgesamt ___

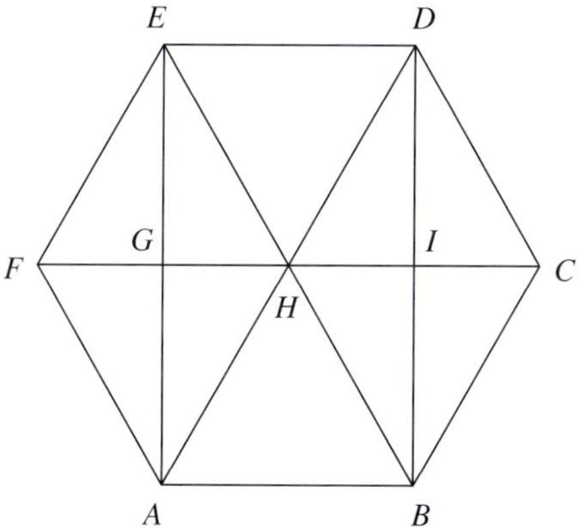

b) Schreibe möglichst viele Arten von Figuren auf, die ebenfalls zu entdecken sind.

___

Innenwinkelsumme von Dreiecken

▶ Grundwissen

In jedem Dreieck beträgt die Innenwinkelsumme ________

Beispiel: $\alpha + \beta + \gamma = 50° + 30° + 100° =$ ________

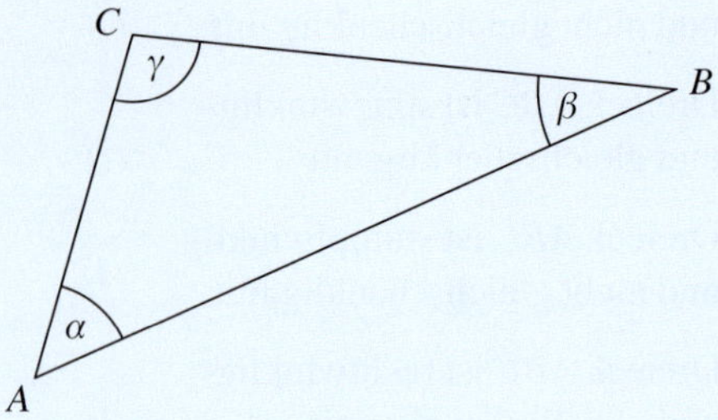

▶ Auftrag: Ergänze die Innenwinkelsummen.

Trainieren

1 Innenwinkelsummen unterschiedlicher Dreiecke

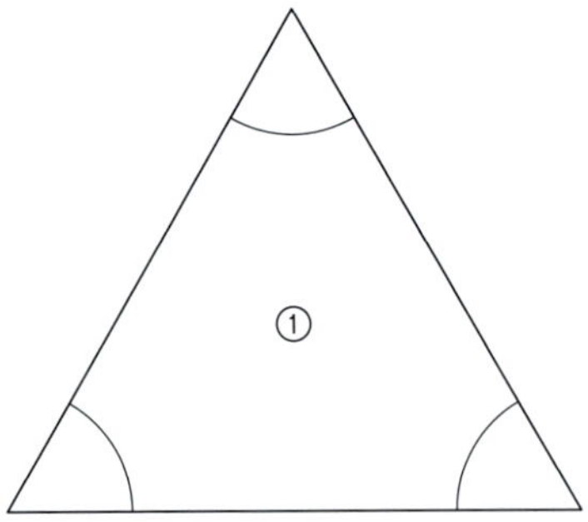

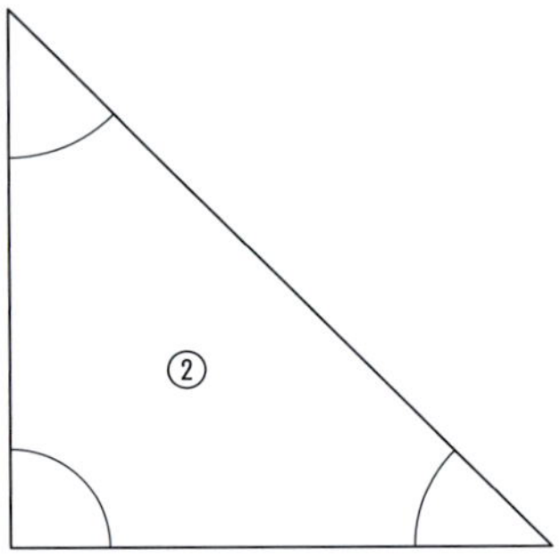

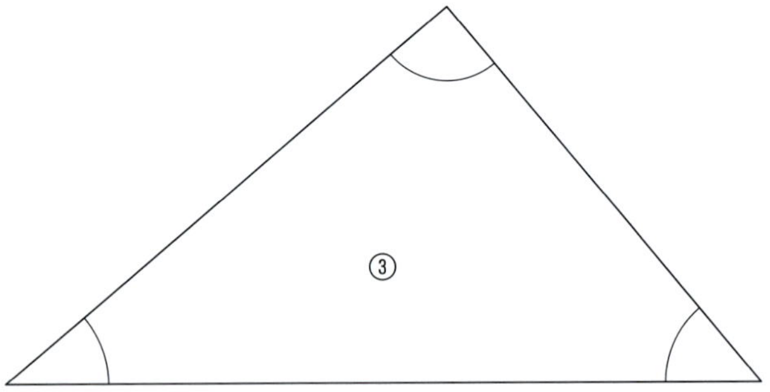

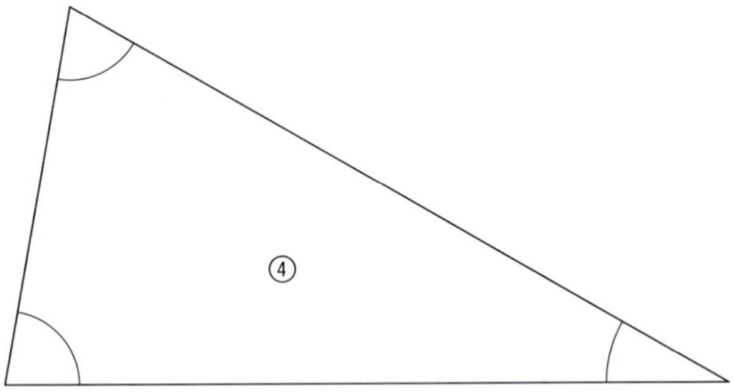

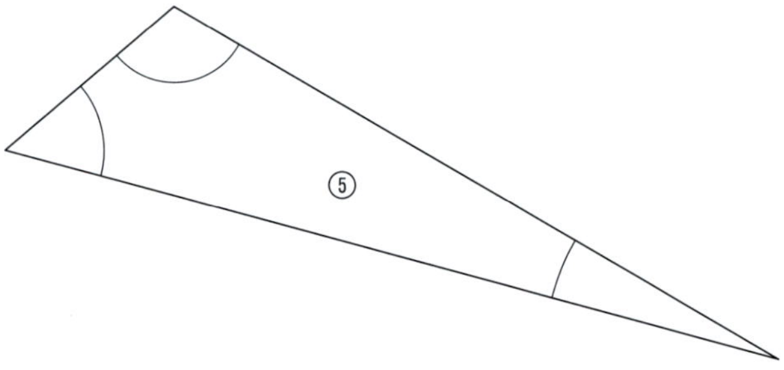

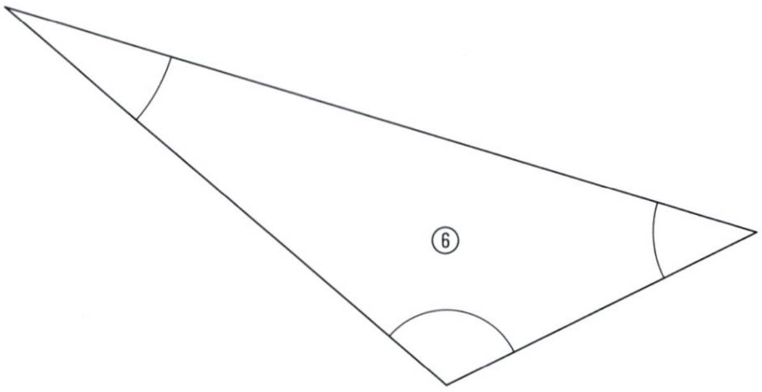

a) Miss jeweils die Größen der Innenwinkel und schreibe sie in die Zeichnungen.

b) Berechne jeweils die Summen der Innenwinkel unter dem Dreieck.
Zusatzaufgabe: Bewerte deine Ergebnisse.

2 Berechne die fehlenden Größen der Innenwinkel des jeweiligen Dreiecks.

	Dreieck ①	Dreieck ②	Dreieck ③	Dreieck ④	Dreieck ⑤	Dreieck ⑥	Dreieck ⑦
α	90°	100°	120°	60°	35°		
β	37°	46°	36°			56°	62°
γ				47°	54°	97°	56°

3 Kreuze alle Dreiecke an, bei denen offensichtlich Innenwinkelgrößen falsch angegeben sind.

	Dreieck ①	Dreieck ②	Dreieck ③	Dreieck ④	Dreieck ⑤	Dreieck ⑥	Dreieck ⑦
α	70°	90°	80°	65°	35°	12°	36°
β	70°	56°	45°	80°	43°	126°	63°
γ	70°	34°	45°	45°	74°	42°	81°
	☐ Fehler	☐ Fehler	☐ Fehler	☐ Fehler	☐ Fehler	☐ Fehler	☐ Fehler

Anwenden und Vernetzen

4 Winkel im und am Dreieck

Hinweis: Die Dreiecke sind nicht maßstäblich gezeichnet, deshalb ist Messen nicht sinnvoll.

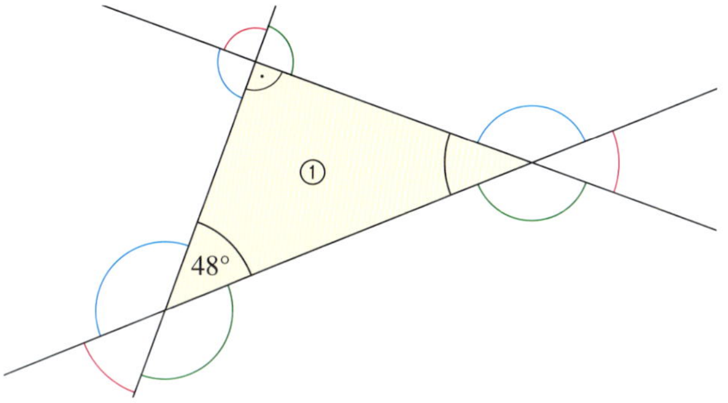

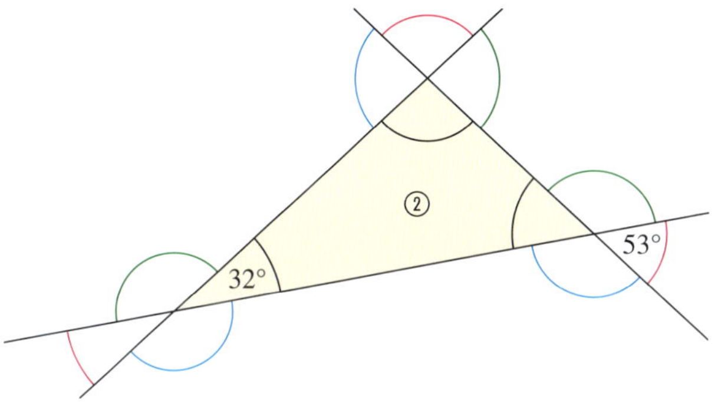

Summe der Winkelgrößen in blauen Bögen: ______

Summe der Winkelgrößen in grünen Bögen: ______

Summe der Winkelgrößen in roten Bögen: ______

Summe der Winkelgrößen in blauen Bögen: ______

Summe der Winkelgrößen in grünen Bögen: ______

Summe der Winkelgrößen in roten Bögen: ______

a) Schreibe zuerst passende Winkelgrößen in die Zeichnungen. Ergänze danach die Summen bei beiden Dreiecken.

b) Ergänze die Sätze, sodass sie zu den Dreiecken passen.

Ein Außenwinkel ist ein Nebenwinkel zu einem ______________________

Jeder Innenwinkel und der zugehörige Außenwinkel sind zusammen __________ groß.

Beide Außenwinkel zu einem Innenwinkel sind ______________________

Die Summe der drei Außenwinkel zu allen Innenwinkeln ist ______________

c) Gib die Innenwinkelsumme des regelmäßigen Sechsecks an. ______________
Beschreibe, wie sie relativ schnell ermittelt werden kann.

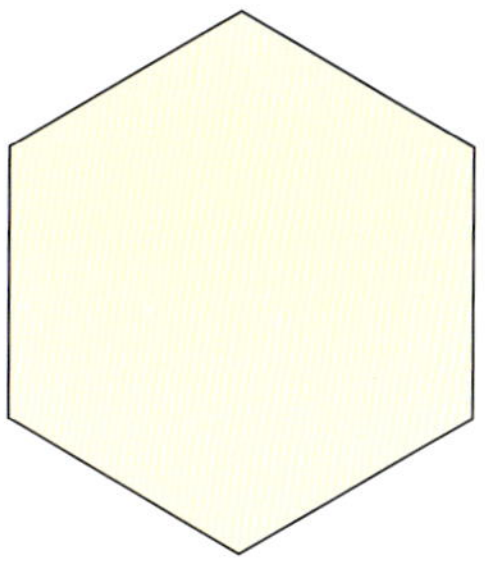

Zuerst unterteilt man das Sechseck in gleich große ______________________

____

Brüche addieren und subtrahieren

▶ Grundwissen

Beispiele:

- Gleichnamige Brüche werden addiert, indem man die ___________ addiert. Der gemeinsame Nenner wird beibehalten.

$\frac{7}{11} + \frac{2}{11} = \frac{7+2}{11} = \frac{9}{11}$

- Gleichnamige Brüche werden subtrahiert, indem man die ______ subtrahiert. Der gemeinsame Nenner wird beibehalten.

$\frac{12}{17} - \frac{5}{17} = \frac{12-5}{17} = \frac{7}{17}$

- Ungleichnamige Brüche werden zunächst auf den ___________________ gebracht und danach addiert bzw. subtrahiert.

$\frac{1}{3} + \frac{5}{6} = \frac{1 \cdot 2}{3 \cdot 2} + \frac{5}{6} = \frac{2}{6} + \frac{5}{6} = \frac{7}{6}$

▶ **Auftrag:** Ergänze die Sätze.

Trainieren

1 Veranschauliche jeweils die gleichnamigen Brüche und ermittle das Ergebnis.

a) $\frac{1}{5} + \frac{3}{5} =$ ________ b) $\frac{5}{6} + \frac{5}{6} =$ ________ c) $\frac{4}{5} - \frac{2}{5} =$ ________ d) $\frac{7}{6} - \frac{5}{6} =$ ________

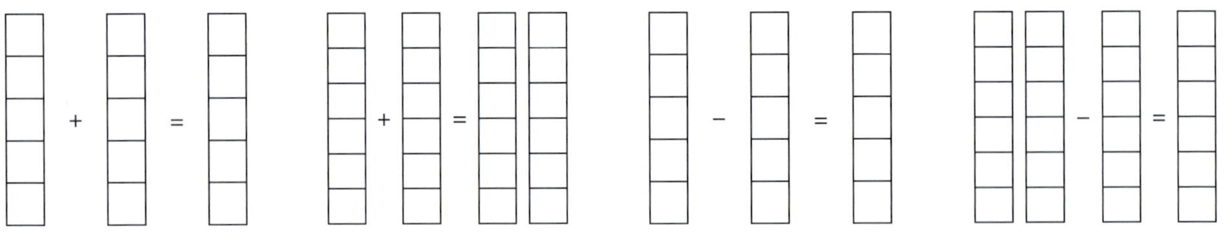

2 Addiere oder subtrahiere.
Kürze das Ergebnis so weit wie möglich.

a) $\frac{1}{3} + \frac{1}{3} =$ ________ b) $\frac{3}{8} + \frac{2}{8} =$ ________ c) $\frac{51}{60} - \frac{21}{60} =$ ________ d) $\frac{7}{9} - \frac{4}{9} =$ ________

3 Ergänze die Additionsmauern.

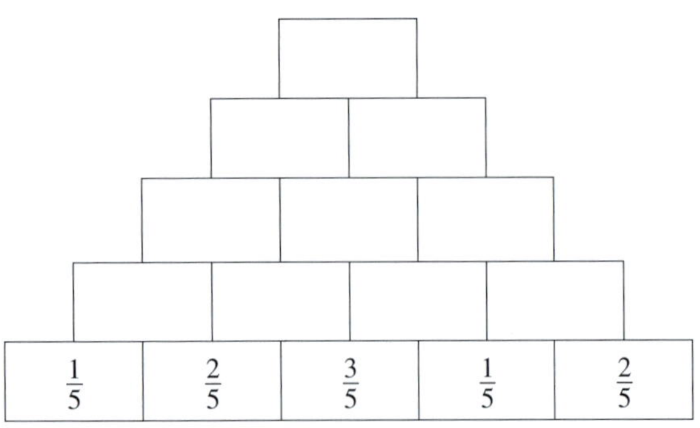

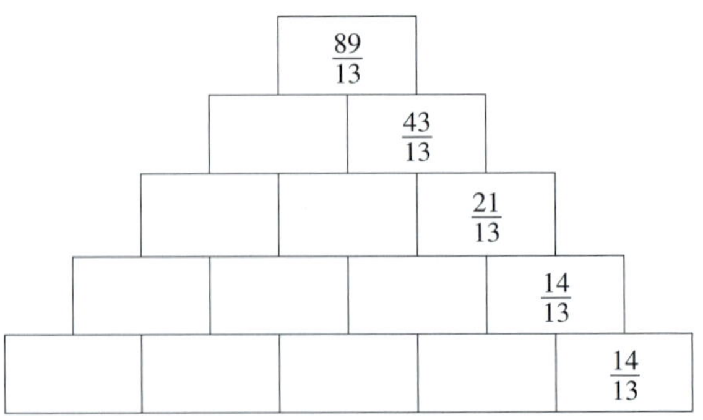

4 Veranschauliche jeweils die ungleichnamigen Brüche, erweitere passend und ermittle das Ergebnis.

a) $\frac{1}{6} + \frac{2}{3} =$ ________ b) $\frac{1}{3} + \frac{1}{2} =$ ________ c) $\frac{1}{2} - \frac{1}{6} =$ ________ d) $\frac{1}{2} - \frac{2}{5} =$ ________

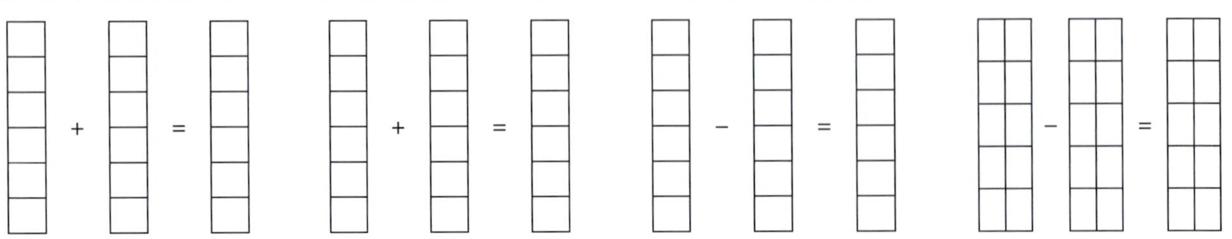

5 Addiere oder subtrahiere.
Hinweis: Wandle zuerst in gleichnamige Brüche um.

a) $\frac{4}{7}+\frac{3}{14}=$ ______ b) $\frac{8}{9}+\frac{2}{3}=$ ______ c) $\frac{2}{5}+\frac{6}{7}=$ ______

d) $\frac{4}{5}-\frac{1}{2}=$ ______ e) $\frac{6}{7}-\frac{2}{3}=$ ______ f) $\frac{3}{100}-\frac{5}{200}=$ ______

g) $\frac{13}{6}+\frac{1}{5}=$ ______ h) $\frac{7}{12}-\frac{2}{5}=$ ______ i) $\frac{3}{4}-\frac{2}{11}=$ ______

6 Schreibe jeweils eine Additionsaufgabe und eine Subtraktionsaufgabe zu den Figuren auf. Löse diese.
Hinweis: Kontrolliere deine Ergebnisse durch Nachzählen der Kästchen.

a) 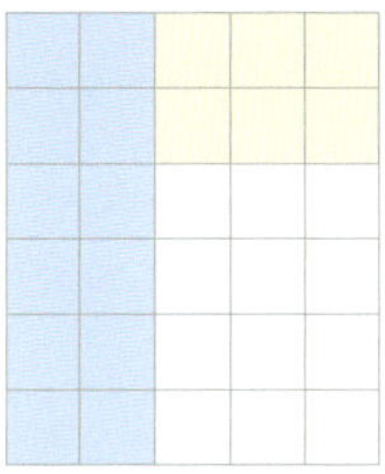

b) 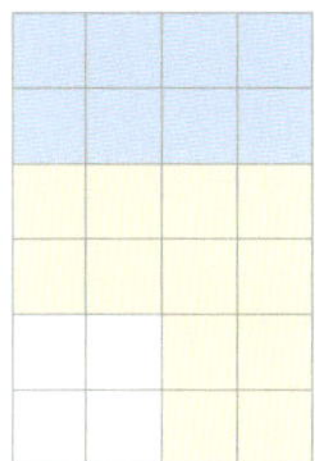

c) 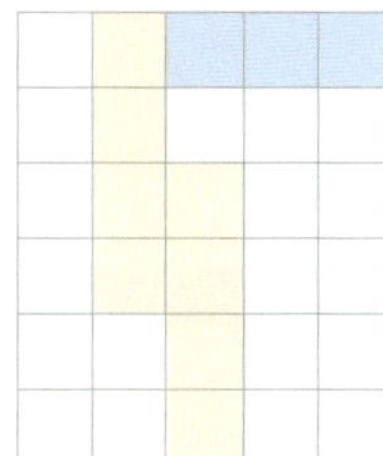

Anwenden und Vernetzen

7 Bereits vor über 4 000 Jahren verwendeten einige Ägypter Zeichen für Brüche neben Zeichen für natürliche Zahlen.
Weiter unten sind einige der Zeichen abgebildet.
Einen Bruch kennzeichneten sie im Normalfall mit der Hieroglyphe „Mund“: 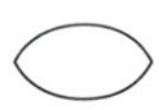

Beliebige Brüche wurden als Summe von möglichst großen Brüchen mit dem Zähler 1 geschrieben.
Da sie überwiegend mit Brüchen mit dem Zähler 1 arbeiteten, genügte es, dieses Zeichen zu schreiben.

Brüche mit dem Zähler 1:

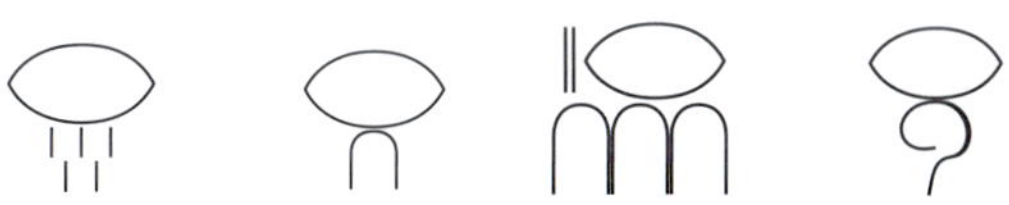

$\frac{1}{5}$ $\frac{1}{10}$ $\frac{1}{32}$ $\frac{1}{100}$

Für häufig vorkommende Brüche gab es besondere Zeichen:

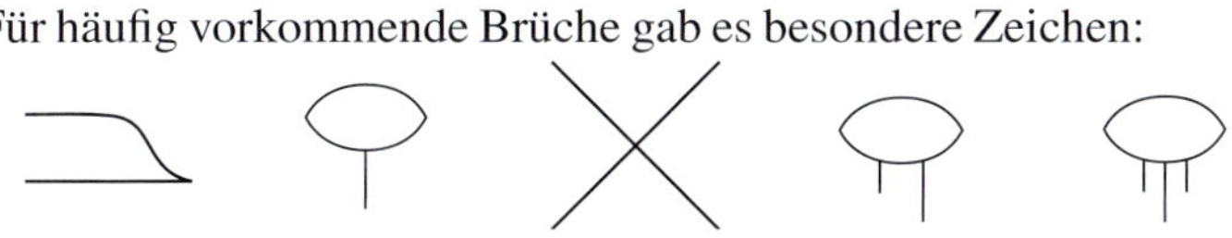

$\frac{1}{2}$ $\frac{1}{3}$ $\frac{1}{4}$ $\frac{2}{3}$ $\frac{3}{4}$

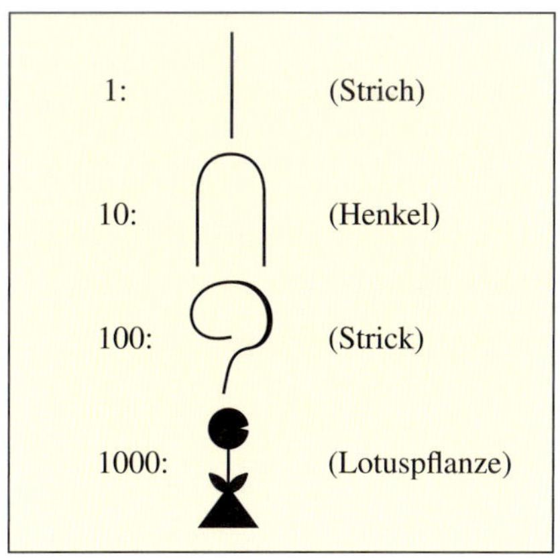

a) Ermittle die Ergebnisse folgender Aufgaben.

______

______

b) Zusatzaufgabe: Stelle weitere Aufgaben und löse diese.
Hinweis: Kontrolliert die Ergebnisse gegenseitig.

Dezimalbrüche addieren und subtrahieren

▶ Grundwissen

- Beim Rechnen mit Dezimalbrüchen ist, wie bei natürlichen Zahlen, der Stellenwert zu beachten. Beim schriftlichen Addieren bzw. Subtrahieren ist darauf zu achten, dass

  Komma ____________ Komma steht.

  Im Ergebnis darf das ____________ nicht vergessen werden.

			1,	2	7				7	0,	4	3		
	+	3	2,	8	0			–		6,	2	1		
		3	4,	0	7	✓			6	4,	2	2	✓	

- Mithilfe eines Überschlags sollte jeweils geprüft werden, ob das Ergebnis stimmen kann.

▶ Auftrag: Ergänze jeweils das fehlende Wort.

Trainieren

1 Rechne im Kopf.

a) 0,2 + 0,7 = ______ b) 0,4 + 1,2 = ______ c) 0,8+ 0,09 = ______ d) 1,05 + 0,23 = ______

e) 0,9 – 0,3 = ______ f) 5,4 + 3,1 = ______ g) 0,7 – 0,09 = ______ h) 4,08 – 0,58 = ______

2 Ergänze die Additionsmauern.

a)

		3,16		
0,3			1,3	
0,1	0,2	0,01	0,3	1

b)

		5,64		
			2,51	
			1,7	
		0,5	1,2	
2		0,3	0,2	1

3 Schreibe zuerst das Ergebnis des Überschlags auf. Rechne danach schriftlich.
Hinweis: Haben Dezimalbrüche unterschiedlich viele Stellen hinter dem Komma, füllt man „fehlenden Stellen" mit Nullen auf.

a) 254,332 + 250,321 b) 496,576 + 78,504 c) 1,857 + 99,98

______ ______ ______

d) 350,444 – 305,999 e) 278,37 – 28,792 f) 476,57 – 76,576

______ ______ ______

4 Ordne mithilfe des Überschlags jeder Aufgabe ihr Ergebnis zu.
Zeichne Linien ein.

4,36 + 854,89 − 56,8 + 20,6 | 564,300 + 54,859 − 560,806 | 45,6 + 454,89 | 260,777 − 89,300 − 77,859

823,05 | 93,618 | 500,49 | 37,847 | 58,353

5 Ergänze die Rechenzeichen „+“ bzw. „−“ und die Kommas in den Ergebnissen.
Schreibe jeweils deinen Überschlag auf.
Zusatzaufgabe: Berechne die Ergebnisse auf einem zusätzlichen Blatt.

a) 784,18 ☐ 35,61 = 8 1 9 7 9 __________

b) 686,61 ☐ 2,369 = 6 8 4 2 4 1 __________

c) 414,949 ☐ 15,007 ☐ 72,583 = 4 7 2 5 2 5 __________

d) 92,369 ☐ 48,654 ☐ 41,44932 = 2 2 6 5 6 8 __________

e) 4 032,401 ☐ 457,59 ☐ 928,71 ☐ 927,45 = 3 5 7 6 0 7 1 __________

Anwenden und Vernetzen

6 Ein Architekt hat die Flächeninhalte der Räume der Ferienwohnungen notiert.

	Wohnung Typ A	Wohnung Typ B	Wohnung Typ C	Wohnung Typ D
Zimmer	22,25 m^2	16,7 m^2	23,25 m^2	17,75 m^2
Bad	8,75 m^2	6,75 m^2	5,25 m^2	7,5 m^2
Diele mit Kochecke	–	4,25 m^2	–	6,5 m^2
Diele	3,6 m^2	–	5,25 m^2	–
Größe				

a) Ergänze die Größe jeder Wohnung in der Tabelle.

b) 50 m^2 Fliesen wurden für Böden in den Bädern und Dielen bestellt.
Mit wie viel Verschnitt bzw. Abfall wird demzufolge gerechnet?

____

____

c) 100 m^2 Fußbodenbelag wurden für Böden in den Zimmern bestellt.
Mit wie viel Verschnitt bzw. Abfall wird demzufolge gerechnet?
Was meinst du dazu?

____

____

____

Brüche multiplizieren

▶ Grundwissen

Ein Bruch wird mit einem Bruch multipliziert, indem Zähler mit Zähler und Nenner mit Nenner multipliziert werden.

Hinweis: Natürliche Zahlen können als Brüche mit dem Nenner 1 geschrieben werden.

Beispiele:

$\frac{2}{5} \cdot \frac{2}{3} = \frac{\square}{5 \cdot 3} = \frac{\square}{\square}$

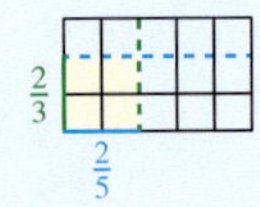

$\frac{2}{5} \cdot 2 = \frac{2}{5} \cdot \frac{\square}{\square} = \frac{\square}{\square} = \frac{\square}{\square}$

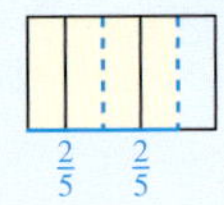

▶ Auftrag: Ergänze die Beispiele.

Trainieren

1 Multiplikation von Brüchen veranschaulichen

a) Löse jeweils die Aufgabe und überprüfe das Ergebnis mithilfe des Rechtecks. Hinweis zur ersten Aufgabe: Markiere zuerst $\frac{1}{3}$ und danach $\frac{1}{5}$ des Rechtecks. Gib den dabei doppelt markierten Anteil an.

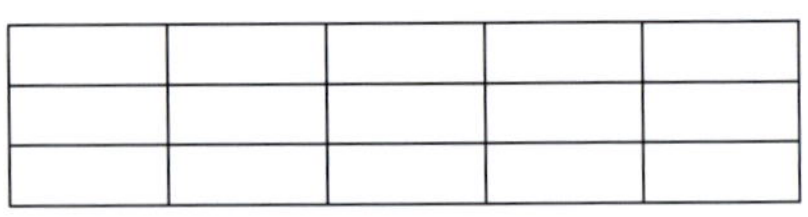

$\frac{1}{3} \cdot \frac{1}{5} =$ ____________

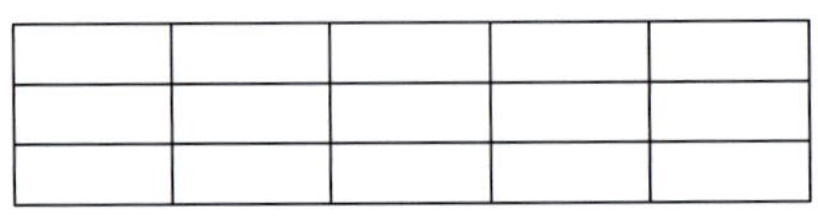

$\frac{1}{3} \cdot \frac{4}{5} =$ ____________

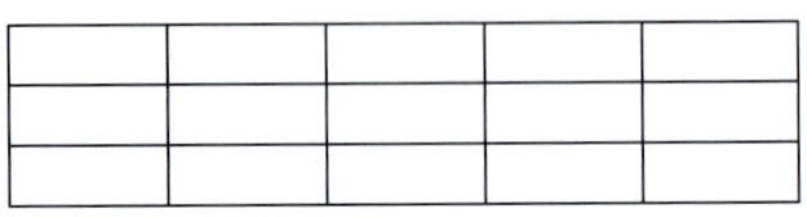

$\frac{2}{3} \cdot \frac{3}{5} =$ ____________

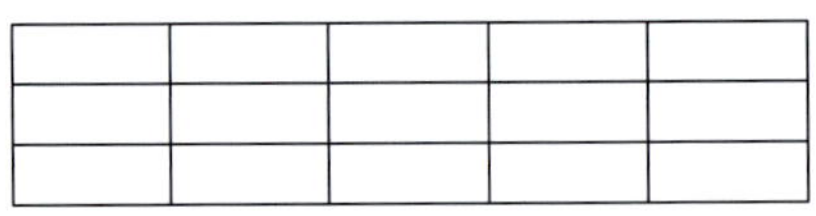

$\frac{1}{5} \cdot 4 =$ ____________

b) Ordne jeder Darstellung eine Aufgabe mit Ergebnis zu.

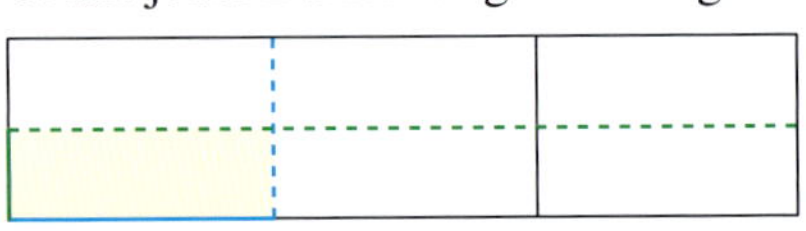

____

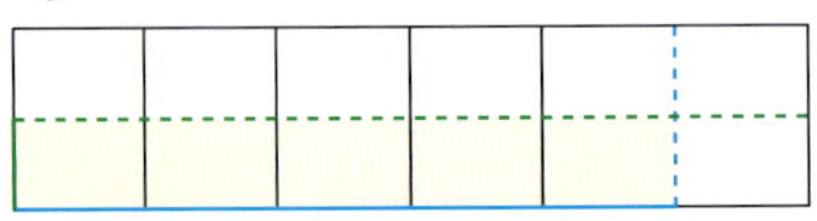

____

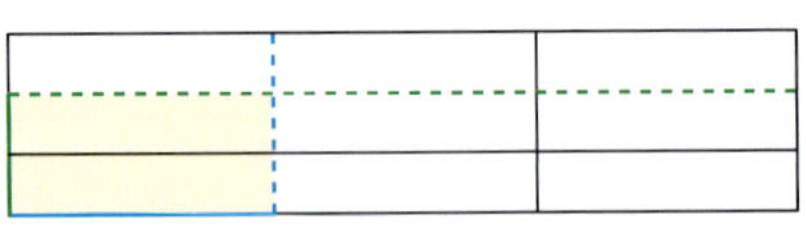

____

____

Aufgaben und Ergebnisse zum Abstreichen:

$\frac{1}{6}$ $\frac{1}{15}$

$\frac{2}{9}$ $\frac{5}{12}$

$\frac{5}{9}$ $\frac{4}{5}$

$\frac{4}{15}$ $\frac{6}{15}$

$\frac{10}{18}$

$\frac{1}{2} \cdot \frac{5}{6}$

$\frac{1}{3} \cdot \frac{1}{2}$

$\frac{2}{3} \cdot \frac{5}{6}$

$\frac{2}{3} \cdot \frac{1}{3}$

2 Multipliziere. Kürze, wenn möglich.

a) $\frac{1}{2} \cdot \frac{1}{4} =$ ____________ **b)** $\frac{2}{3} \cdot \frac{4}{5} =$ ____________ **c)** $\frac{4}{7} \cdot \frac{14}{8} =$ ____________

d) $\frac{3}{9} \cdot \frac{8}{12} =$ ____________ **e)** $\frac{11}{15} \cdot \frac{5}{7} =$ ____________ **f)** $\frac{15}{18} \cdot \frac{9}{3} =$ ____________

3 Ergänze die Tabelle.

$\cdot$	$\frac{1}{2}$	$\frac{1}{3}$	$\frac{2}{3}$	$\frac{4}{9}$	$\frac{5}{7}$	3	10	$3\frac{1}{2}$
$\frac{1}{10}$								
$\frac{7}{10}$								

4 Ergänze die fehlenden Zahlen in den Multiplikationsmauern.

a)

$\frac{1}{10}$	4	$\frac{1}{2}$	3

b)

$\frac{6}{11}$			
$\frac{3}{11}$		$\frac{1}{3}$	$\frac{3}{7}$

5 Ergänze jeweils den fehlenden Zähler und Nenner.

a) $\frac{2}{5} \cdot \frac{\square}{\square} = \frac{4}{15}$

b) $\frac{3}{2} \cdot \frac{\square}{\square} = \frac{9}{14}$

c) $\frac{7}{8} \cdot \frac{\square}{\square} = \frac{21}{80}$

6 Berechne folgende Anteile.

a) $\frac{1}{2}$ von $\frac{3}{4}$ l sind ______

b) $\frac{2}{5}$ von $\frac{3}{4}$ kg sind ______

c) $\frac{2}{3}$ von $\frac{4}{5}$ h sind ______

d) $\frac{1}{3}$ von $\frac{7}{8}$ m sind ______

e) $\frac{1}{4}$ von $\frac{1}{4}$ kg sind ______

f) $\frac{1}{8}$ von $\frac{8}{9}$ l sind ______

g) $\frac{1}{4}$ von $\frac{7}{44}$ kg sind ______

h) $\frac{4}{27}$ von $\frac{81}{16}$ t sind ______

i) $\frac{21}{28}$ von $\frac{1}{2}$ h sind ______

Anwenden und Vernetzen

7 Die Erde ist etwa zu $\frac{2}{3}$ mit Wasser bedeckt.
Die Hälfte davon nimmt der Pazifische Ozean ein. Der Atlantische Ozean besitzt drei Zehntel und der Indische Ozean ein Fünftel der Wasserfläche.
Ermittle die jeweiligen Anteile der Ozeane an der gesamten Erdoberfläche.

______

______

______

8 Kevins Eltern wollen ihre 3 m breite und 4 m lange rechteckige Terrasse mit Platten auslegen. Nur Platten, die am Rand liegen, sollen notfalls zugeschnitten werden. Jede der Platten ist 40 cm breit und 60 cm lang.

a) Gib die Rechnung in Bruchschreibweise an.
Trage gekürzte Brüche ein.

40 cm · 60 cm = 0,24 m^2

$\frac{\square}{\square}$ m $\cdot$ $\frac{\square}{\square}$ m $=$ $\frac{\square}{\square}$ m^2

b) Berechne, wie viele Platten zum Auslegen der Terrasse mindestens benötigt werden.

______

______

______

c) Zusatzaufgabe: Zeichne die Terrasse mit Platten im Maßstab 1 : 50.
Hinweis: Mit den Platten können unterschiedliche Muster gelegt werden.

Brüche dividieren

▶ Grundwissen

Ein Bruch wird durch einen Bruch dividiert, indem der Dividend mit dem Kehrwert des Divisors multipliziert wird.

Hinweis: Natürliche Zahlen können als Brüche mit dem Nenner 1 geschrieben werden.

Beispiele:

$\frac{4}{3} : \frac{5}{7} =$ ______

$\frac{4}{3} : 2 =$ ______

▶ Auftrag: Ergänze die Beispiele.

Trainieren

1 Bilde die Kehrwerte der Brüche.
Hinweis: Kehrwert (Kehrbruch) von $\frac{3}{7}$ ist $\frac{7}{3}$.

a) Kehrwert von $\frac{7}{15}$ ist ______
b) Kehrwert von $\frac{7}{8}$ ist ______
c) Kehrwert von $1\frac{1}{3}$ ist ______
d) Kehrwert von 11 ist ______
e) Kehrwert von 3 ist ______
f) Kehrwert von $\frac{1}{4}$ ist ______

2 Dividiere. Kürze, wenn möglich.

a) $\frac{1}{2} : \frac{1}{2} =$ ______
b) $\frac{3}{4} : \frac{1}{4} =$ ______
c) $\frac{6}{5} : \frac{2}{3} =$ ______
d) $\frac{8}{9} : \frac{2}{3} =$ ______
e) $\frac{16}{12} : \frac{4}{3} =$ ______
f) $\frac{32}{12} : \frac{16}{24} =$ ______
g) $\frac{21}{17} : 7 =$ ______
h) $\frac{24}{16} : 12 =$ ______
i) $\frac{121}{169} : 11 =$ ______
j) $7 : \frac{2}{4} =$ ______

Ergebnisse zum Abstreichen:

$\frac{11}{169}$	$1\frac{1}{3}$
3	$\frac{1}{8}$
4	$\frac{3}{17}$
1	$1\frac{4}{5}$
1	14

3 Berechne jeweils zuerst das Ergebnis der Aufgabe. Überprüfe danach mit der Umkehraufgabe dein Ergebnis.
Hinweis: Aufgabe: $4 \cdot 7 = 28$ Umkehraufgabe: $28 : 7 = 4$

a) $\frac{3}{10} : \frac{1}{2} =$ ______
$\frac{\square}{\square} \cdot \frac{1}{2} =$ ______

b) $\frac{40}{63} : \frac{5}{7} =$ ______
$\frac{\square}{\square} \cdot \frac{5}{7} =$ ______

c) $\frac{2}{13} : \frac{7}{3} =$ ______
$\frac{\square}{\square} \cdot \frac{7}{3} =$ ______

4 Setze jeweils in gleiche Symbole gleiche Brüche ein und veranschauliche die Anteile.

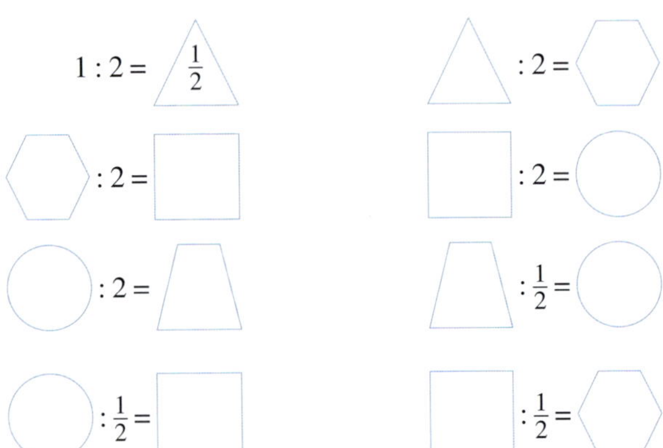

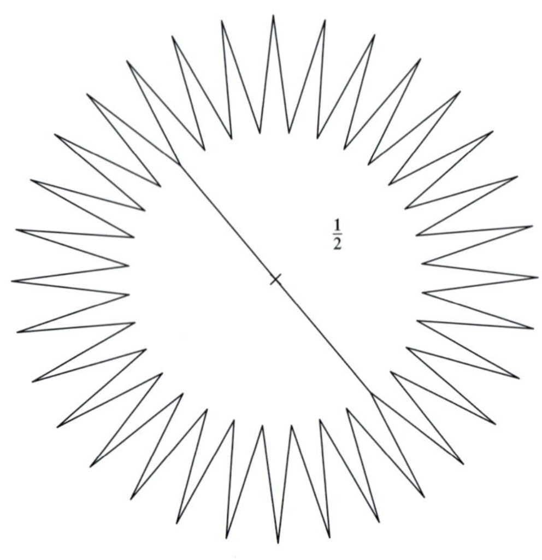

5 Ergänze den fehlenden Zähler und Nenner.

a) $28 : \frac{\square}{\square} = 7$

b) $\frac{16}{11} : \frac{\square}{\square} = \frac{4}{11}$

c) $\frac{1}{2} : \frac{\square}{\square} = \frac{1}{5}$

d) $\frac{\square}{\square} : 7 = \frac{3}{49}$

e) $\frac{\square}{\square} : \frac{5}{6} = 6$

f) $\frac{\square}{\square} : 1\frac{1}{4} = 4$

g) $\frac{2}{5} : \frac{\square}{\square} = \frac{2}{3}$

h) $\frac{\square}{\square} : \frac{4}{5} = \frac{7}{8}$

i) $1\frac{3}{4} : \frac{\square}{\square} = 4\frac{2}{3}$

6 Ergänze.

Dividend	$\frac{4}{5}$	$\frac{3}{2}$	$\frac{9}{4}$		$\frac{15}{8}$
Divisor			$\frac{3}{2}$	$\frac{3}{5}$	$\frac{5}{9}$
Quotient	$\frac{1}{5}$	3		$\frac{10}{7}$	

Anwenden und Vernetzen

7 Ermittle jeweils das Ergebnis mithilfe einer Rechnung.
Hinweis: 1 l = 1 000 ml; 1 kg = 1 000 g; 1 m = 100 cm

a) Eine Flasche enthält $\frac{3}{4}$ l Limonade. Es werden 4 Gläser gleich voll gefüllt und danach ist die Flasche leer. Wie viel Liter Limonade sind in jedem Glas?

b) Eine große Teekanne enthält $1\frac{3}{4}$ l Tee. Wie viele Tassen kann man davon mit je $\frac{1}{8}$ l Tee füllen?

c) $45\frac{1}{2}$ kg Fleischsalat werden in 375-g-Becher gefüllt. Wie viele Becher können gefüllt werden?

d) Familie Reiselust fährt mit dem Zug zu den Großeltern. Sie fährt bereits 36 min. Das sind $\frac{3}{4}$ der gesamten Fahrzeit. Wie lange dauert die gesamte Fahrt?

e) Möglichst viele 40 cm lange Stücke sollen von $10\frac{1}{2}$ m Schnur abgeschnitten werden. Wie viele 40 cm lange Stücke kann man erhalten? Wie lang ist der Rest?

Dezimalbrüche multiplizieren

▶ Grundwissen

- Beim Multiplizieren von Dezimalbrüchen

  wird zunächst ______________ Berücksichtigung des Kommas multipliziert,
  danach wird im Ergebnis das Komma so gesetzt, dass es
  nach dem Komma genauso viele Stellen (Nachkommastellen) gibt,

  wie ____

  ____

Beispiel:

	3,	1	7	·	1,	3		
			3	1	7			
				9	5	1		
			4,	1	2	1	✓	

- Mithilfe eines Überschlags sollte jeweils geprüft werden, ob das Ergebnis stimmen kann.

▶ Auftrag: Ergänze den Text.

Trainieren

1 Trage die Produkte ein.

·	1000	100	10	1	0,1	0,001	0,005	0,25
0,1								
0,02								
0,003								

2 Rechne im Kopf.

a) 3 · 1,2 = ________ **b)** 1,8 · 2 = ________ **c)** 0,3 · 0,7 = ________

d) 3,5 · 2,0 = ________ **e)** 2,5 · 0,2 = ________ **f)** 30,5 · 10 = ________

g) 0,47 · 0,20 = ________ **h)** 10,12 · 0,04 = ________ **i)** 0,52 · 0,04 = ________

3 Ergänze die Multiplikationsmauern.

a)
0,030
_ | _
_ | _ | _
0,1 | 5 | 0,2 | 0,3

b)
0,048
_ | _
_ | _ | _
1,5 | 0,4 | 0,5 | 4

c)
0,0000001
_ | _
_ | 0,01 | _
0,05 | _ | 0,5 | 2

4 Ordne mithilfe des Überschlags jeder Aufgabe ihr Ergebnis zu. Zeichne Linien ein.
Zusatzaufgabe: Berechne auf einem zusätzlichem Blatt die Ergebnisse.

9,3 · 87 | 19,3 · 7,859 | 19,02 · 7,87 · 2,5 | 89,3 · 60,72 | 2,003 · 77,5 · 30,24

151,6787 | 374,2185 | 4694,2308 | 5422,296 | 809,1

5 Rechne schriftlich. Überschlage das Ergebnis jeweils im Kopf.

a) $51{,}32 \cdot 25{,}3$ b) $6{,}576 \cdot 1{,}04$ c) $0{,}857 \cdot 2{,}98$

d) $305{,}2 \cdot 50{,}05$ e) $278{,}37 \cdot 28{,}79$ f) $476{,}576 \cdot 76{,}5$

Anwenden und Vernetzen

6 Ole möchte seine Freunde zu Kuchen einladen. Er kauft 3 Stück Apfelkuchen zu je 1,05 € und 4 Stück Zuckerkuchen zu 0,95 €. Er rechnet im Kopf aus, dass alles zusammen 6,95 € kostet.
Stimmt sein Ergebnis?
Schreibe zwei Ausdrücke auf, die zeigen, wie der Gesamtpreis berechnet werden kann.

7 Frau Schmidt möchte im Garten auf zwei Flächen Rasen neu säen.
Eine Rasenfläche soll ein Quadrat mit 3,70 m Seitenlänge sein.
Die andere Rasenfläche bekommt die Form eines Rechtecks mit 5,40 m und 11,70 m langen Seiten.
Im Baumarkt hat sie die Wahl zwischen Tüten mit 1 kg Rasensamen für 19,99 €, die für ca. 50 m^2 reichen,
und Tüten mit 500 g Rasensamen für 9,99 €, die für ca. 25 m^2 reichen.
Welche sollte Frau Schmidt kaufen? Begründe deine Entscheidung.

Dezimalbrüche dividieren

▶ Grundwissen

- Beim Dividieren von zwei Dezimalbrüchen

  werden zuerst beide Zahlen jeweils so oft mit 10 multipliziert,

  ____

  danach wird wie bei natürlichen Zahlen dividiert,

  jedoch beim Überschreiten des __________________

  im Dividenden wird im ____________ ein Komma gesetzt.

Beispiel:

3,195 : 1,5

31,95 : 15 = 2,13 ✓
30
 19
 15
  45
  45
   0

- Mithilfe eines Überschlags sollte jeweils geprüft werden, ob das Ergebnis stimmen kann.

▶ Auftrag: Ergänze den Text.

Trainieren

1 Trage die Quotienten ein.
In der ersten Spalte steht jeweils der Dividend und in der ersten Zeile steht jeweils der Divisor.
Hinweis: Überlege, ob jedes Ergebnis zu den anderen Ergebnissen in der Zeile und Spalte passt.

:	1000	100	10	1	0,1	0,01	0,001
1	0,001						
0,1	0,000 1						
0,02							
0,25							

2 Ergänze die Multiplikationsmauern.
Hinweis: Rechne, wenn nötig, auf einem zusätzlichen Blatt.

a)

25,6			
	3,2		
		0,4	
0,1			0,5

b)

0,22			
	0,04		
		0,04	
0,11			2

c)

0,076 8			
	0,32		
		0,8	
0,12	5		10

3 Ordne mithilfe des Überschlags jeder Aufgabe ihr Ergebnis zu. Zeichne Linien ein.
Zusatzaufgabe: Berechne auf einem zusätzlichen Blatt die Ergebnisse.

8 802 : 9 | 88,02 : 9 | 0,8802 : 9 | 88,02 : 0,9 | 880,2 : 0,9 | 0,8802 : 0,09

0,0978 | 0,978 | 978 | 97,8 | 9,78 | 9 780 | 0,009 78

4 Dividiere schriftlich. Überschlage das Ergebnis jeweils im Kopf.

a) 9,18 : 2 b) 5,16 : 0,3 c) 34,08 : 0,4

5 Entscheide ohne zu rechnen, welche Aufgaben das gleiche Ergebnis haben. Ermittle danach die Ergebnisse.

a) 52,32 : 0,3 = ______ b) 6,050 : 0,25 = ______ c) 523,2 : 3 = ______

d) 5,2 : 0,05 = ______ e) 60,5 : 2,5 = ______ f) 52,32 : 3 = ______

g) 605 : 25 = ______ h) 520 : 5 = ______ i) 52 : 0,5 = ______

Anwenden und Vernetzen

6 Im Inneren des Berliner Fernsehturms führt für den Notfall eine Treppe von der Aussichtsplattform in 203 m Höhe nach unten. Die Stufen der Treppe sind rund 17,5 cm hoch.

a) Berechne, wie viele Stufen diese Treppe hat. Runde auf ein Vielfaches von Hundert.

______

b) Schätze, wie lange man – bei normalem Tempo – von der Aussichtsplattform bis nach unten läuft.

______

Körpernetze

▶ Grundwissen

Das flach ausgebreitete zusammenhängende Gebilde der Begrenzungsflächen eines Körpers bezeichnet man als Netz des Körpers.

Beispiel:

Würfel

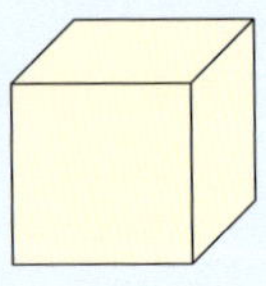

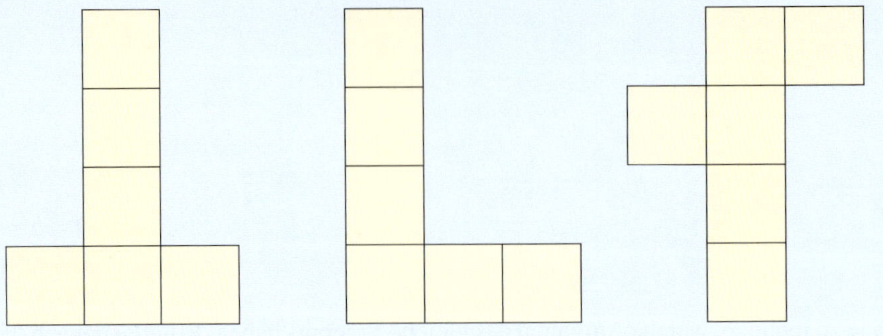

▶ Auftrag: Streiche die Figur durch, die kein Körpernetz des links abgebildeten Würfels sein kann.

Trainieren

1 Körpernetze von Würfeln

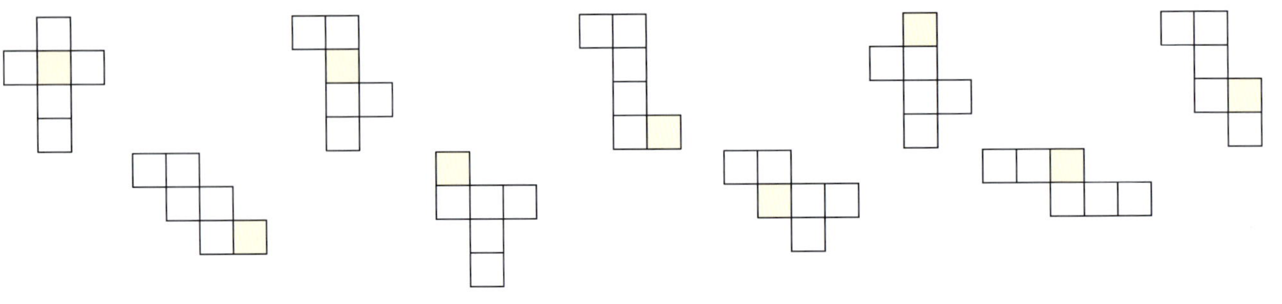

a) Färbe jeweils die Fläche ein, die der gelben Fläche gegenüberliegt.

b) Zeichne zwei der Würfelnetze auf Karopapier ab und falte daraus Würfel.

2 Körpernetze von Quadern

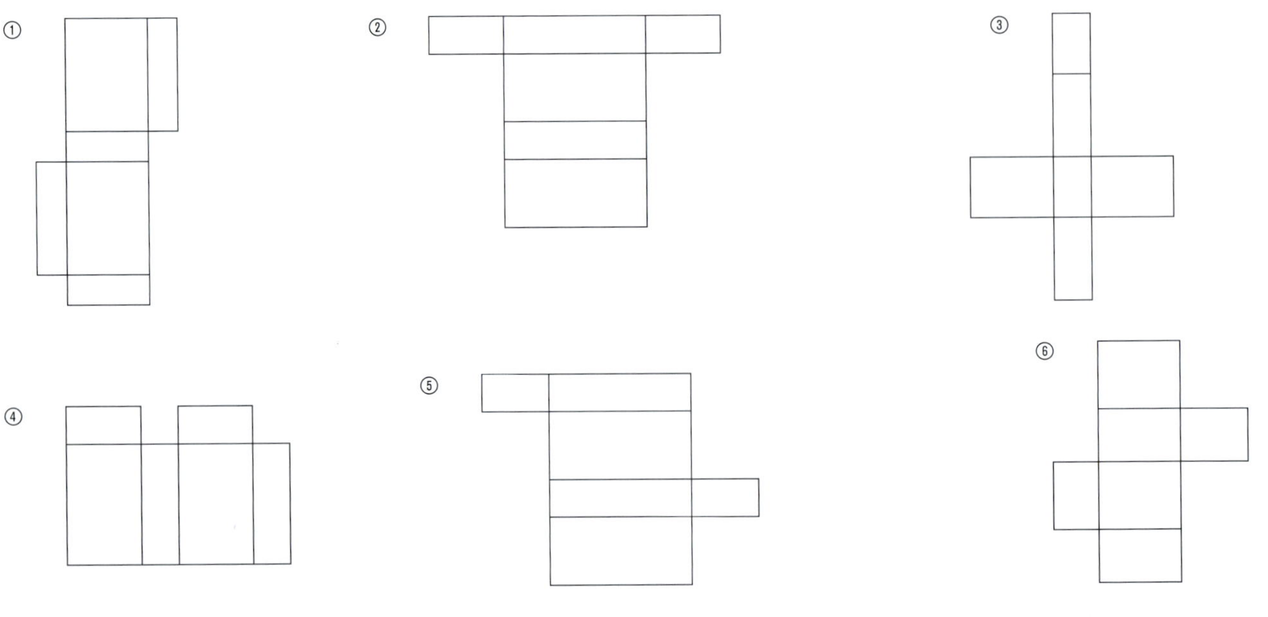

a) Bei welchen Figuren handelt es sich nicht um ein Quadernetz? ____________________

b) Färbe bei den Quadernetzen die Seitenflächen gleichfarbig ein, die am Quader einander gegenüberliegen.

3 Bei Spielwürfeln ist die Summe von zwei gegenüberliegenden Zahlen stets 7.

a) Welche Zahlen liegen einander gegenüber?

Gegenüber der 6 liegt die ______ Gegenüber der 5 liegt die ______

Gegenüber der 4 liegt die ______ Gegenüber der 3 liegt die ______

Gegenüber der 2 liegt die ______ Gegenüber der 1 liegt die ______

b) Begründe, warum nur vier der abgebildeten Würfelnetze zu Spielwürfeln gehören.
Zeichne bei den Spielwürfeln die fehlenden Augenzahlen ein.

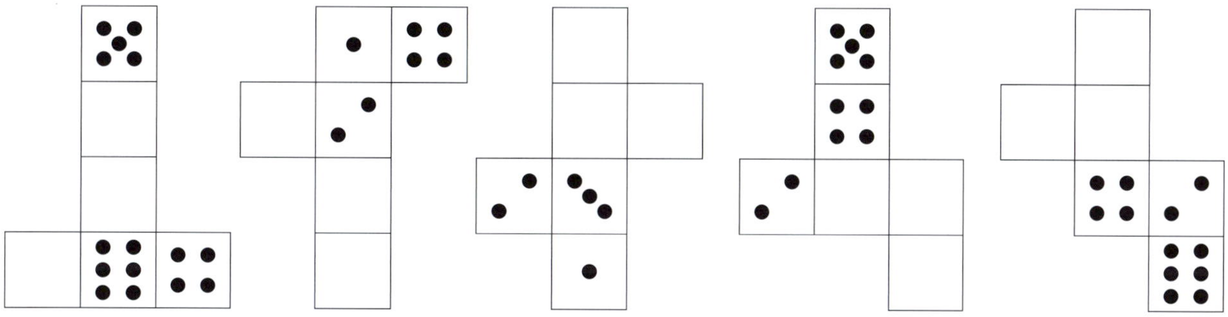

Anwenden und Vernetzen

4 Welche Körper gehören zu den Netzen?

Pyramide Kegel Zylinder Prisma

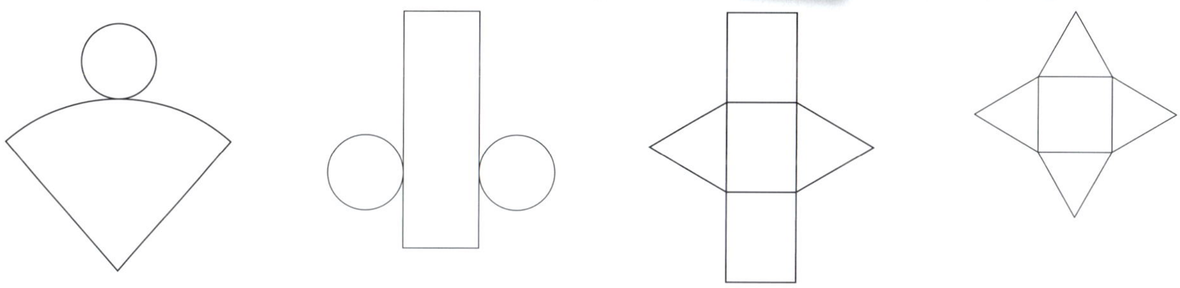

______ ______ ______ ______

5 In der Abbildung sind Würfel- und Quadernetze versteckt.
Zeichne mindestens drei in jeweils einer anderen Farbe nach.
Zusatzaufgabe: Zeichne insgesamt sieben Quadernetze nach.

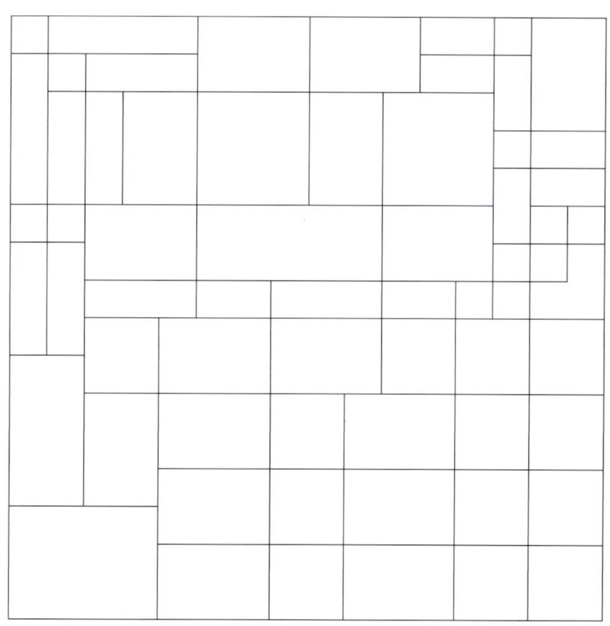

Schrägbilder

▶ Grundwissen

1. Zeichne die Vorderfläche.
2. Zeichne nach hinten verlaufende Kanten in halber Länge auf den Kästchendiagonalen (45°-Winkel).
3. Verbinde die hinteren Eckpunkte miteinander und strichele die verdeckten Kanten.

Beispiel:

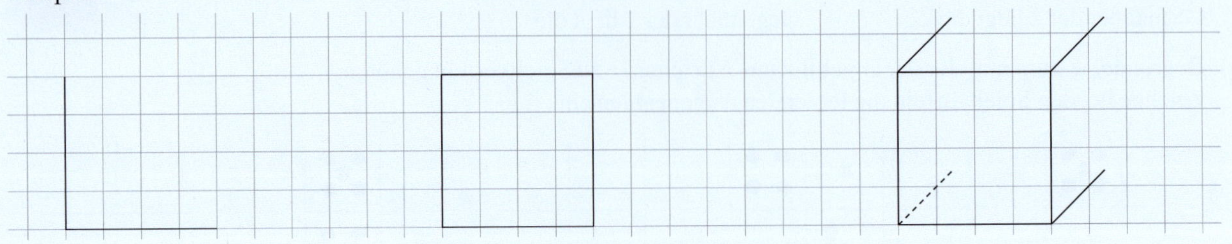

▶ Auftrag: Ergänze jeweils das zugehörige Stadium vom Schrägbild eines Würfels mit 2 cm Kantenlänge.

Trainieren

1 Die folgenden Schrägbilder gehören zu zwei verschiedenen Quadern.

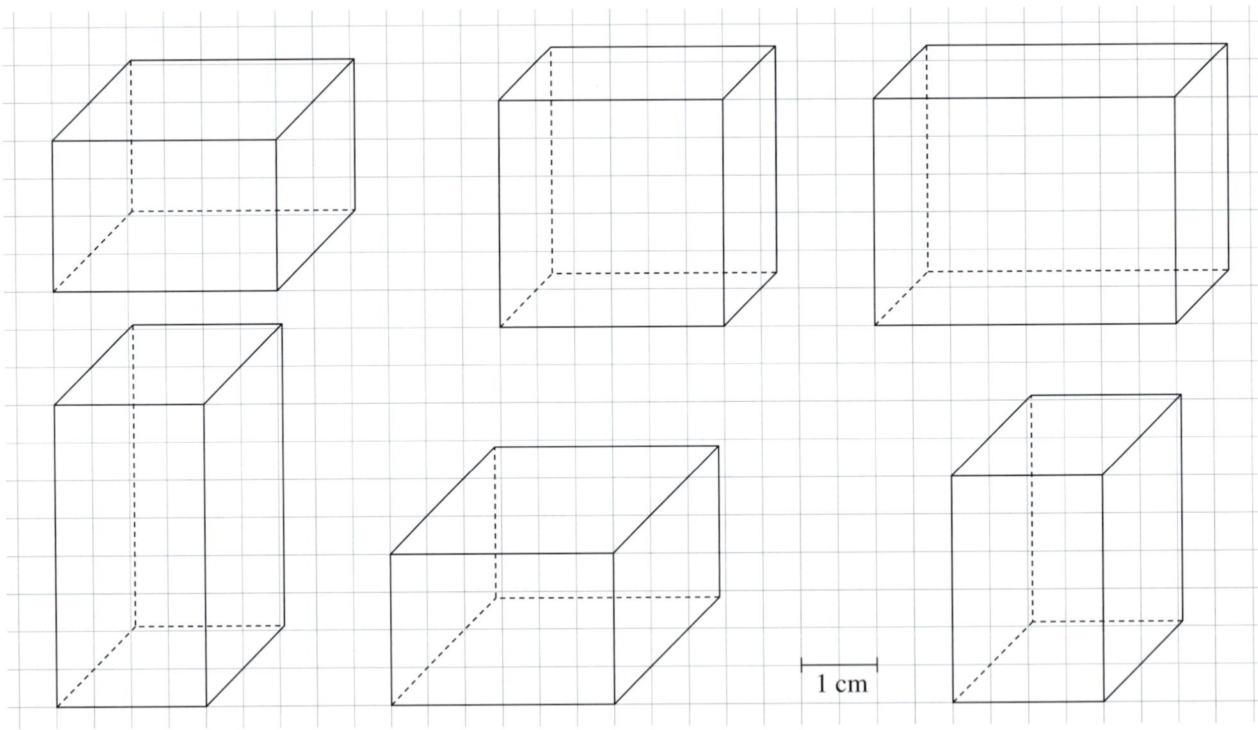

a) Verbinde Schrägbilder des gleichen Quaders mit der gleichen Farbe.

b) Wie lang sind die Kanten der Quader in Wirklichkeit?

____

2 Vervollständige die angefangenen Schrägbilder von Quadern.

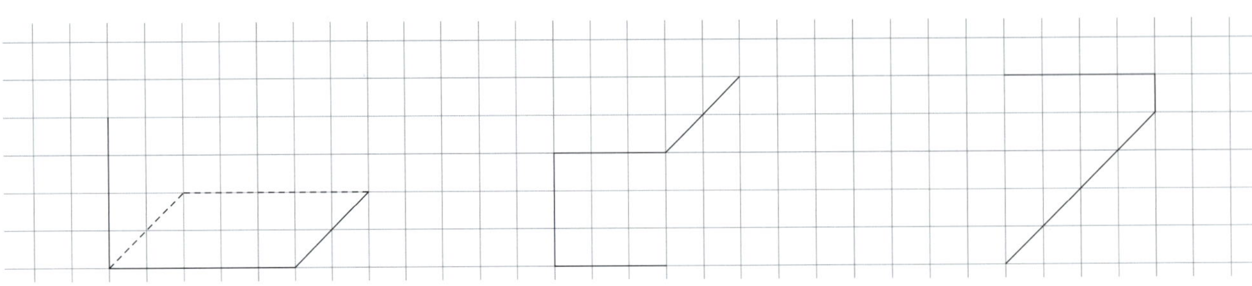

3 Ein Platz auf der Siegertreppe ist für viele Sportler das Größte.
Oft werden die Siegertreppen aus mehreren Körpern gebaut.
Hier ist die Treppe aus Würfeln mit 4 dm Kantenlänge zusammengesetzt worden. Es ist das Modell eines Bastlers.
Vervollständige das Schrägbild dieser Siegertreppe.
Beachte nur die Kanten der Treppe.
Hinweis: 1 cm soll 2 dm entsprechen.

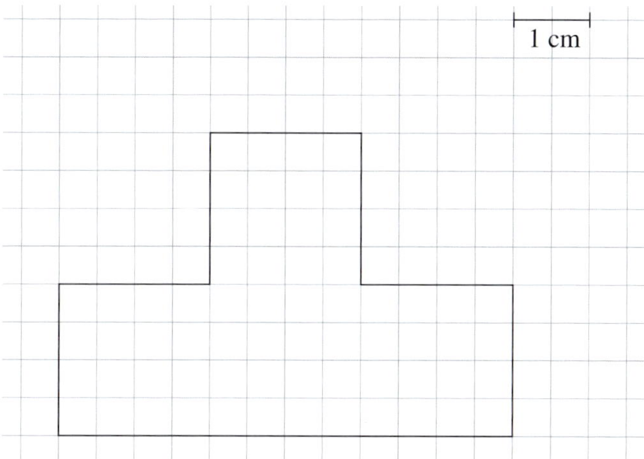

Anwenden und Vernetzen

4 Übertrage jeweils die im Würfelnetz eingezeichneten „Wege“ ins Schrägbild des Würfels.

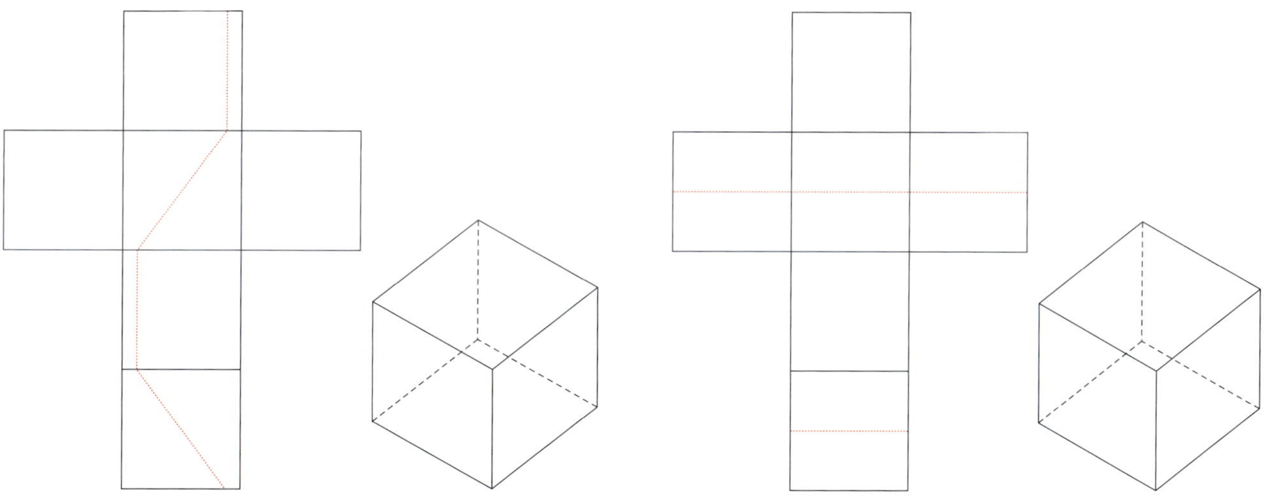

5 Ein Quader wurde zerschnitten. Übertrage die Schnittlinie in das Netz des Quaders.

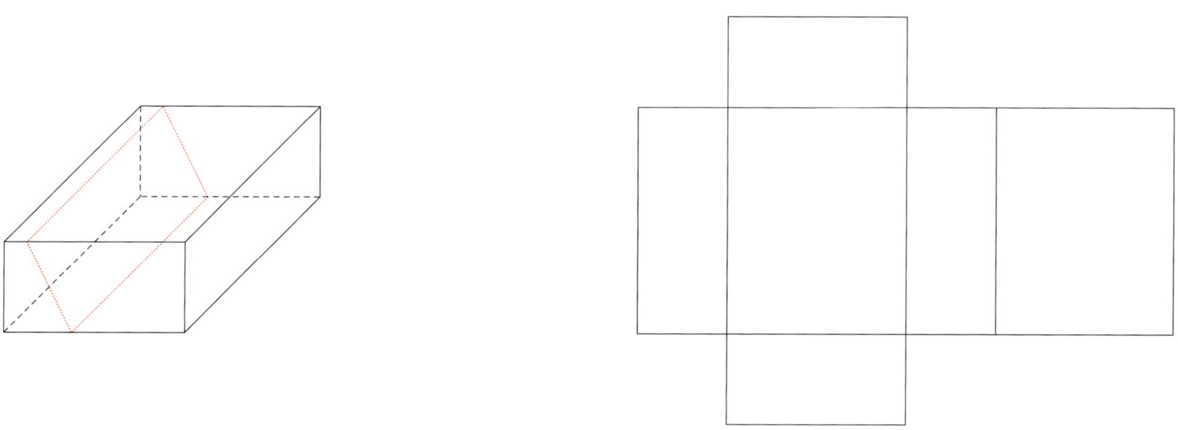

Oberflächeninhalte

▶ Grundwissen

Der Oberflächeninhalt O eines Körpers ist die Summe der Flächeninhalte seiner Begrenzungsflächen.

Beispiel:

$A_{O\,\text{Würfel}} = 6 \cdot a \cdot a = 6a^2$

$A_{O\,\text{Quader}} = 2 \cdot a \cdot b + 2 \cdot a \cdot c + 2 \cdot b \cdot c$

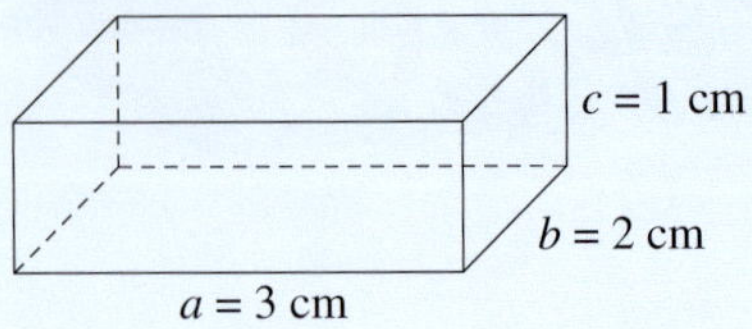

$A_O =$ ____________________

▶ Auftrag: Ermittle mithilfe des Körpernetzes den Oberflächeninhalt des Quaders.

Trainieren

1 Ermittle den Oberflächeninhalt.

a) Würfel mit 3 cm langen Kanten

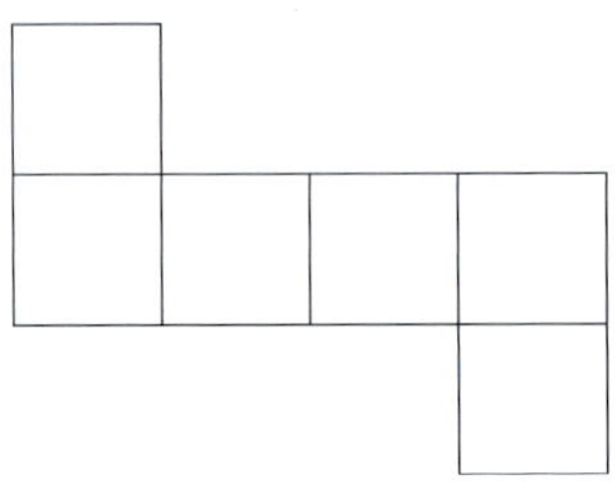

b) Quader mit 2 cm, 4 cm und 6 cm langen Kanten

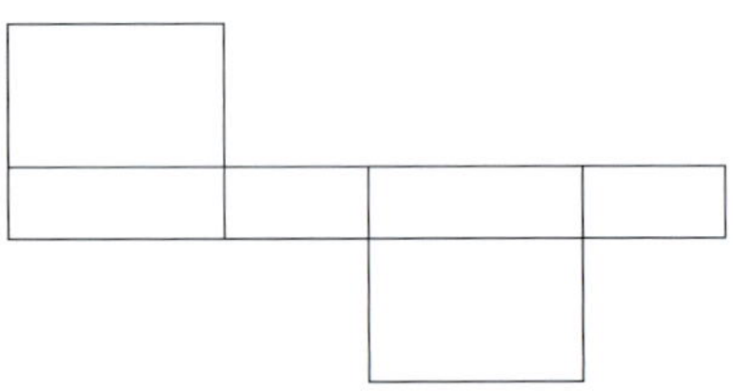

____

____

2 Gib die Oberflächeninhalte der Quader und Würfel an.

a)

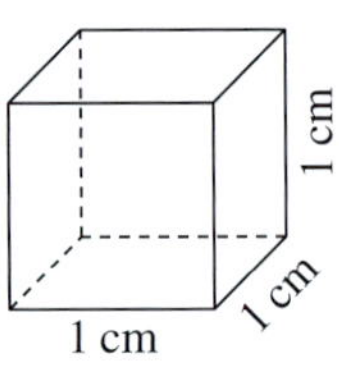

b)

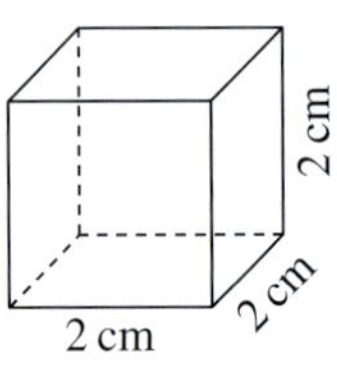

c)

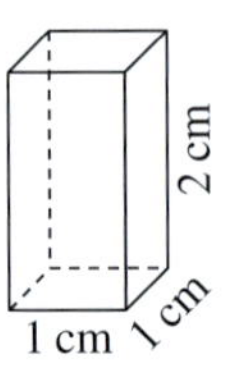

d)

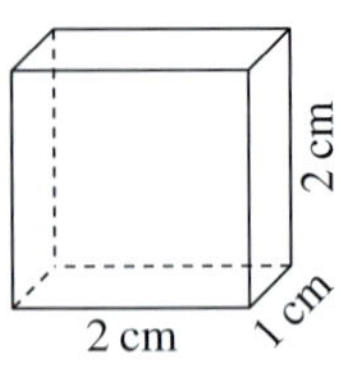

____

____

3 Berechne den Oberflächeninhalt.

a) Würfel mit 5 cm langen Kanten

____

b) Quader mit 10 mm; 2,5 cm und $c = 4$ cm langen Kanten

____

4 Die abgebildeten Körper wurden aus Würfeln mit 1 cm Kantenlänge gelegt.
Ermittle die Oberflächeninhalte der Körper.

a)

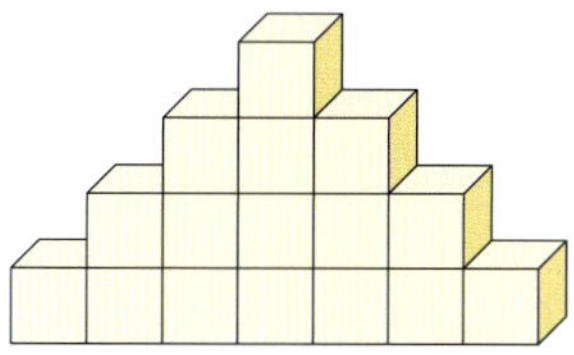

b)

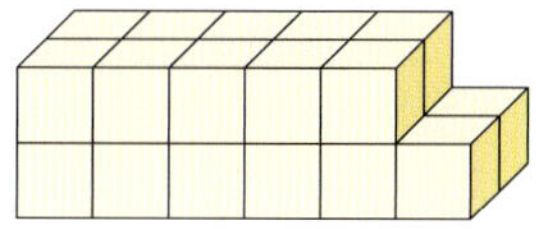

c)

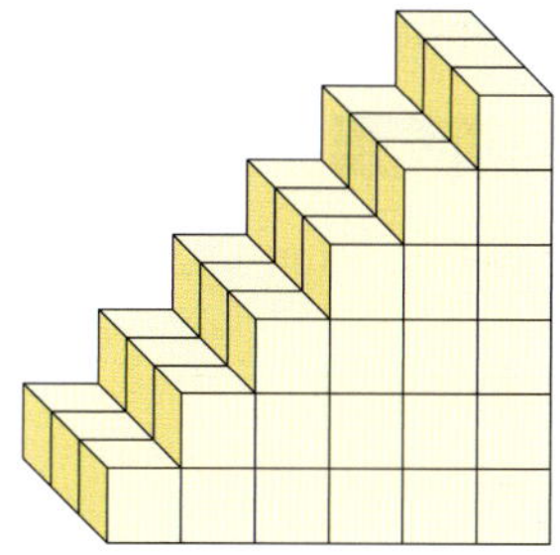

5 Eine Tüte mit 1 kg Mehl ist etwa 10 cm breit, 7 cm tief und 15 cm hoch.
Kreuze an, aus wie viel Papier die Tüte besteht.

☐ 7 mm^2 ☐ 7 cm^2 ☐ 7 dm^2 ☐ 7 m^2 ☐ 700 mm^2 ☐ 700 cm^2 ☐ 700 m^2

Anwenden und Vernetzen

6 Die Inhaberin des Eiscafes Seeblick möchte neue Sitzkissen für 25 Stühle herstellen lassen.
Sie sollen die Form eines Quaders haben. Ihr liegen zwei Kissenmuster aus dem gleichen Stoff vor.
Das Muster A ist 38 cm lang, 42 cm breit und 50 mm hoch.
Das Muster B ist 42 cm lang, 42 cm breit und 40 mm hoch.
Der Stoff wurde von einer 1,50 m breiten Rolle abgeschnitten.
Ein Meter Stoff von dieser Rolle kostet 12,30 €.

Wegen der Nähte wurde jede Seitenfläche der Kissen 5 cm länger und 5 cm breiter zugeschnitten, als sie bei dem fertigen Kissen ist.
Reichen 170,00 € zum Kauf des benötigten Stoffes?

	Kissen vom Muster A	Kissen vom Muster B
Maße für den Zuschnitt		
Stoff für ein Kissen		
Stoff für 25 Kissen		
Preis für 25 Kissen		

Volumeneinheiten

▶ Grundwissen

- Beim Umrechnen der Volumeneinheiten in die nächstkleinere Einheit wird mit ________ multipliziert.

Einheiten	**Umrechnung**			
Kubikmeter (m^3)	1 m^3	= 1 000 dm^3	= ________ cm^3	= ________ mm^3
Kubikdezimeter (dm^3)	1 dm^3	= 1 000 cm^3	= ________ mm^3	
Kubikzentimeter (cm^3)	1 cm^3	= 1 000 mm^3		
Kubikmillimeter (mm^3)				

- Das Volumen von Flüssigkeiten wird oft in Litern und Millilitern angegeben.

Einheiten	**Umrechnung**	
Liter (l)	1 l	≙ 1 dm^3
Milliliter (ml)	1 ml	≙ 0,001 l

▶ Auftrag: Ergänze.

Trainieren

1

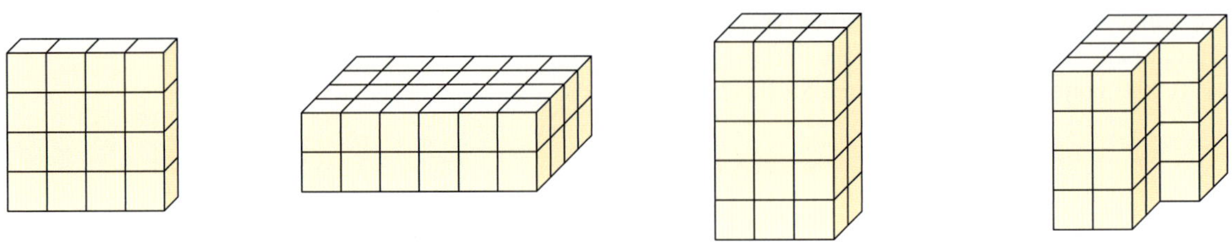

☐ ________ ☐ ________ ☐ ________ ☐ ________

a) Schätze, welcher Turm aus den meisten Würfeln gelegt wurde. Kreuze diesen Turm an.

b) Gib die Anzahl der Würfel jedes Turms an.
Hinweis: Vergleiche das Ergebnis mit dem von Teilaufgabe **a**.

2

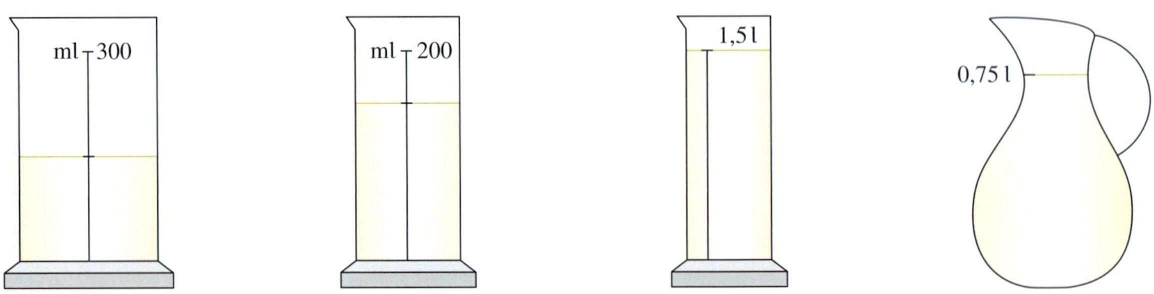

☐ ________ ☐ ________ ☐ ________ ☐ ________

a) Schätze, in welchem Gefäß am meisten Saft ist. Kreuze das Gefäß an.

b) Gib an, wie viel Saft die Gefäße enthalten.
Hinweis: Vergleiche das Ergebnis mit dem von Teilaufgabe **a**.

3 Wandle in die nächstkleinere Einheit um.

a) $14\ m^3 =$ ______ b) $0{,}08\ cm^3 =$ ______

c) $0{,}045\ dm^3 =$ ______ d) $1{,}02\ cm^3 =$ ______

e) $200\ m^3 =$ ______ f) $0{,}0003\ dm^3 =$ ______

4 Wandle in die nächstgrößere Einheit um.

a) $9000\ mm^3 =$ ______ b) $3\,700\ dm^3 =$ ______

c) $438\ cm^3 =$ ______ d) $2\,010\ dm^3 =$ ______

e) $16\ cm^3 =$ ______ f) $0{,}2\ mm^3 =$ ______

5 Wandle in die gegebene Einheit um.

a) $0{,}04\ m^3 =$ ______ cm^3 b) $0{,}12\ m^3 =$ ______ cm^3

c) 0,05 l = ______ ml d) 0,25 l = ______ cm^3

e) $123\,000\ cm^3 =$ ______ l f) 750 ml = ______ cm^3

6 Ergänze die Einheiten.

a) Flasche Limonade: 0,5 ______ b) Dose Suppe: 400 ______

c) Tube Zahnpasta: 75 ______ d) Tanklaster: 20 000 ______

Anwenden und Vernetzen

7 Stell dir vor, du hast magnetische Würfel mit 1 dm, 1 cm und 1 mm langen Kanten.

a) Ein Würfel mit 1 cm langen Kanten wird in $1\ mm^3$ große Würfel zerlegt. Wie viele $1\ mm^3$ große Würfel entstehen?

______

b) Wie viele Würfel mit 1 mm langen Kanten werden zum Bauen eines $1\ dm^3$ großen Würfels benötigt?

______

8 In einem Geschäft stehen die abgebildeten 1-l-Getränkekartons. Stell dir vor, jeder aus eurer Klasse trinkt davon täglich $\frac{1}{2}$ Liter Milch.

a) Wie lange reicht die Milch?

______

______

______

b) Nach wie vielen Tagen ist nur noch rund $\frac{1}{4}$ der Milch vorhanden?

______

Volumen von Quadern und Würfeln

▶ Grundwissen

Das Volumen eines Quaders ist gleich dem Produkt seiner drei Kantenlängen.

Quader

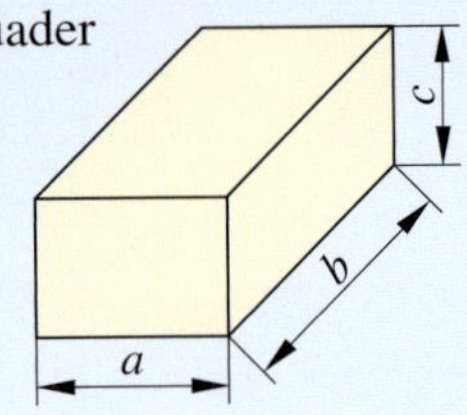

Würfel

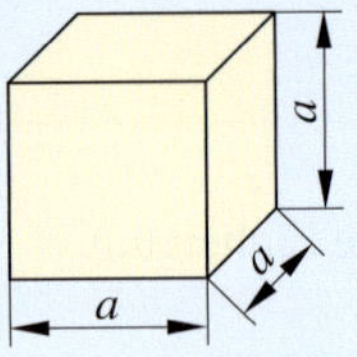

▶ Auftrag: Ergänze die Formeln.

Trainieren

1 Berechne die Volumen beider Körper.

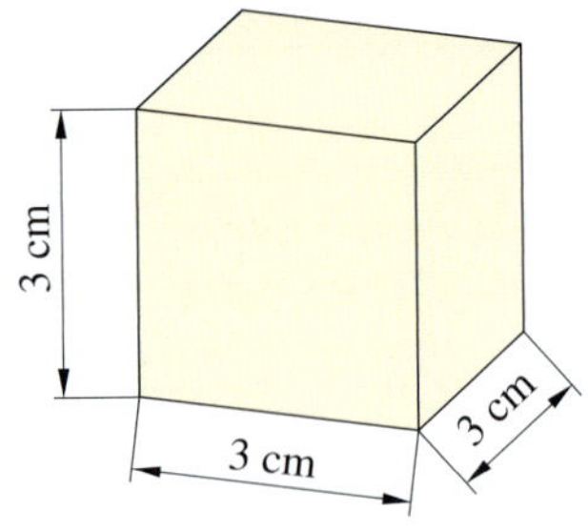

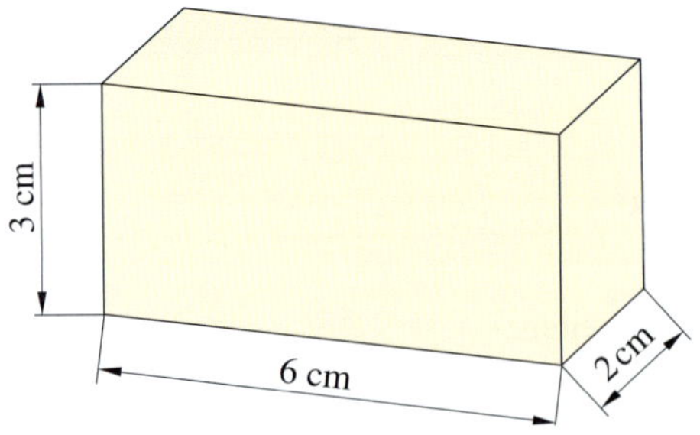

2 Ergänze die Tabellen für Quader.

a)

Länge	Breite	Höhe	Volumen
10 cm	30 cm	6 cm	
8 dm	3 dm	5 dm	
4 m	5 m	3 m	
20 cm	25 cm	12 cm	
1 cm	8 mm	70 mm	

b)

Länge	Breite	Höhe	Volumen
20 m		4 m	480 m^3
90 mm	8 cm		144 cm^3
	7 cm	1 dm	280 cm^3
1,5 m		3 dm	180 dm^3
	2 cm	6 cm	1,2 dm^3

3 Gib das Volumen der Körper an. Rechne, wenn nötig, auf einem zusätzlichen Blatt.

a)

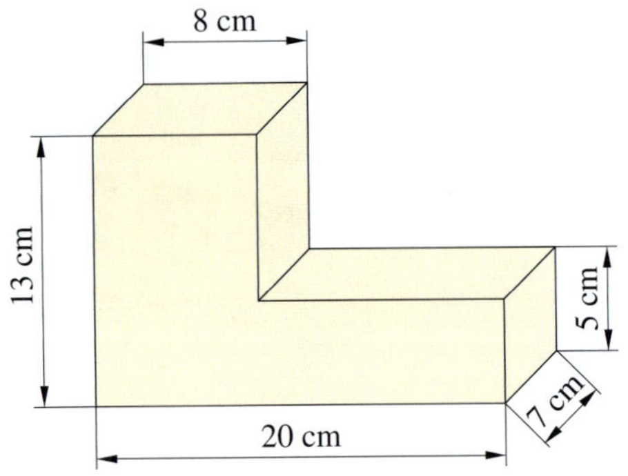

b)

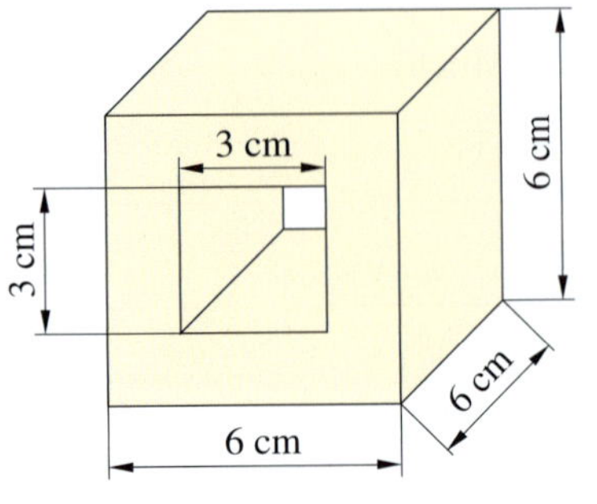

4 Ermittle, wie viele Würfel mit 1 cm, 2 cm bzw. 2 mm langen Kanten jeweils einen gleich großen Würfelturm bilden.

a)

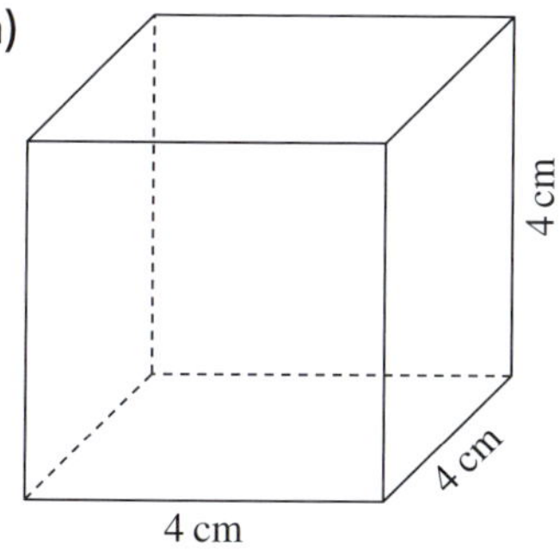

_____ Würfel mit 1 cm langen Kanten

_____ Würfel mit 2 cm langen Kanten

_____ Würfel mit 2 mm langen Kanten

b)

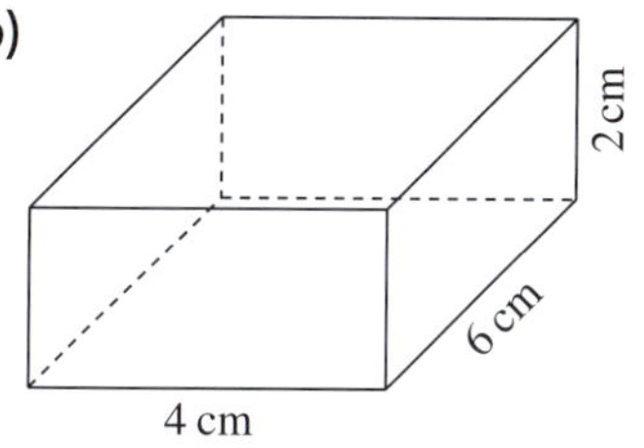

_____ Würfel mit 1 cm langen Kanten

_____ Würfel mit 2 cm langen Kanten

_____ Würfel mit 2 mm langen Kanten

5 Ein quaderförmiger Behälter ist 30 cm tief, 40 cm breit und 50 cm lang.
Berechne das Volumen in Kubikzentimetern.
Zusatzaufgabe: Gib an, wie viel Liter Wasser der Behälter fassen kann.

Anwenden und Vernetzen

6 Emil möchte ein gebrauchtes Aquarium kaufen, das etwa 500 l fasst. Zwei der Angebote kommen in die engere Wahl.
Aquarium A: 1 m lang; 50 cm breit; 8 dm hoch
Aquarium B: 90 cm lang; 8 dm breit; 0,7 m hoch

a) Welches Aquarium sollte er sich kaufen?

b) In einer Zeitschrift liest er, dass anhand der Länge der Fische überschlagen werden kann, wie viel Wasser sie benötigen. Je Zentimeter Fisch sollten es etwa 2 Liter Wasser sein.
Er will sich dicklippige Fadenfische kaufen, die etwa 9 cm groß werden.
Wie viele Fische kann er in sein Aquarium setzen?

7 Die Körper wurden aus gleich großen Holzwürfeln mit 1 cm langen Kanten gelegt.
Welches Volumen hat der größtmögliche Würfel, der aus allen kleinen Würfeln der fünf Körper gebaut werden kann?

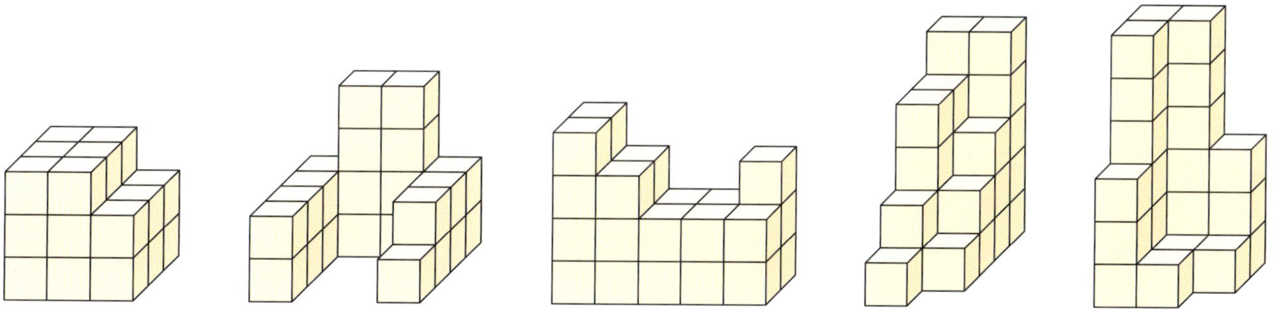

Zuordnungen erkennen und beschreiben

▶ Grundwissen

- Bei Zuordnungen wird jedem Wert (Element) aus einem Bereich ein Wert (Element) aus einem anderen Bereich zugeordnet.
- Zuordnungen können dargestellt werden mit Wortvorschriften, Tabellen, Diagrammen …

Beispiel: natürliche Zahl → Nachfolger der Zahl

Zahl	1	2	3	7	9
Nachfolger					

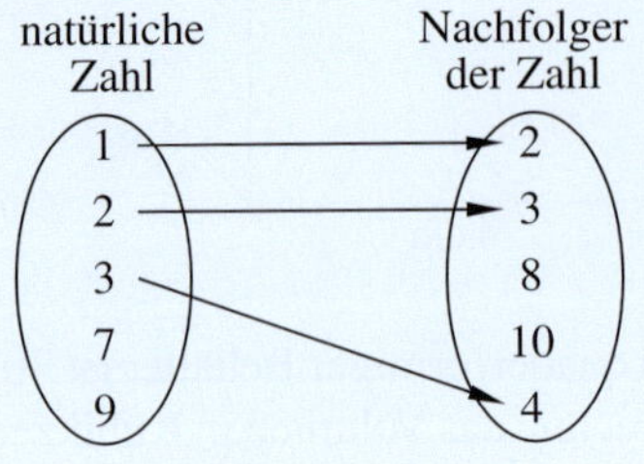

▶ Auftrag: Ergänze die fehlenden Angaben im Beispiel.

Trainieren

1 Ergänze mithilfe der Wortkarten zu sinnvollen Zuordnungen. Verwende jeden Begriff genau einmal.

Freunden → ______________________

Geburtstag → ______________________

Entfernungen → ______________________

Jahreszeiten → ______________________

Schlössern → ______________________

100 – 58 → ______________________

$2a + 2b$ → ______________________

42 | Datum | Fahrpreis | Telefonnummer | Umfang vom Rechteck | Schlüssel | Schuhe

2 Vervollständige die unterschiedlichen Darstellungen folgender Zuordnung:
Daten werden mit einer Geschwindigkeit von 2 MB pro Sekunde heruntergeladen.

① Zeit in Sekunden → ______________________

②

Zeit in Sekunden (x)	0	1	2	3	5

③

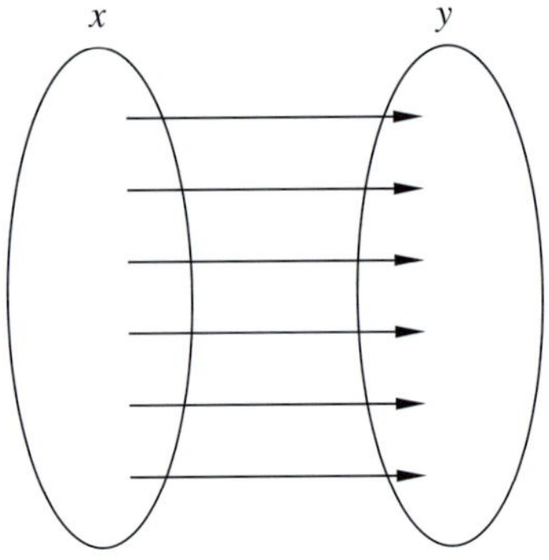

④

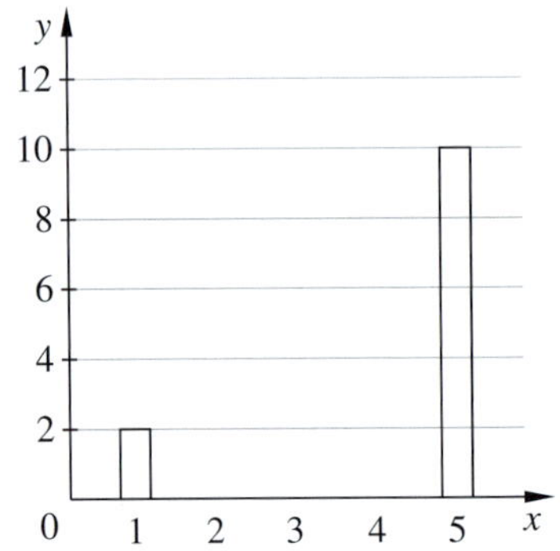

⑤

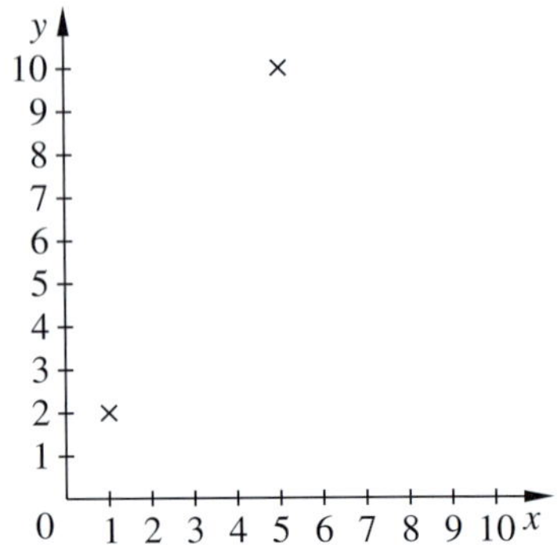

3

a) Vervollständige die Darstellungen.

①

Parkdauer in Stunden	$\frac{1}{2}$	1	$1\frac{1}{2}$	2	$2\frac{1}{2}$	3	4

②

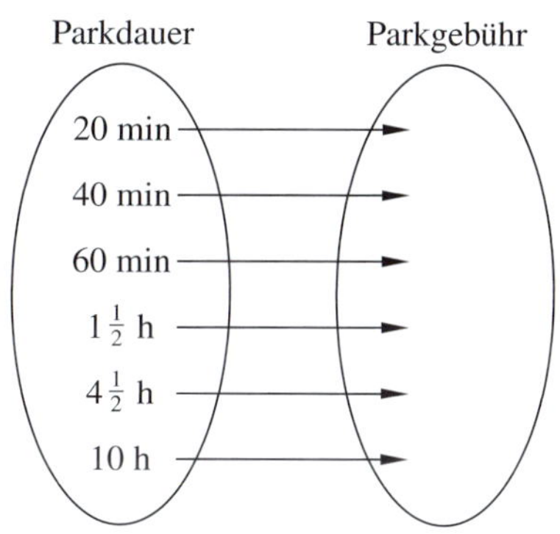

③

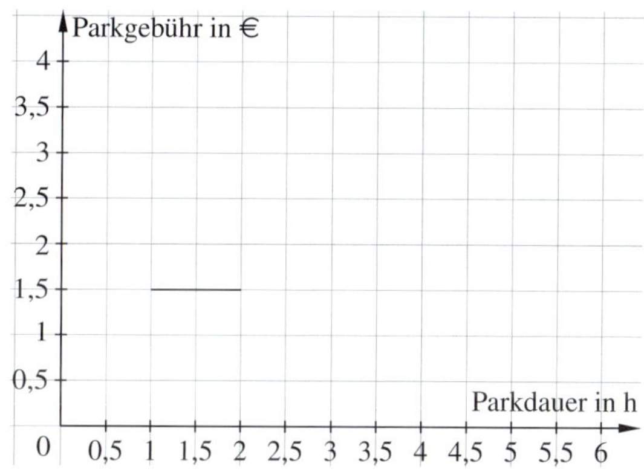

b) Ordne jeder Person die passende Parkgebühr zu.

Frau Richter zahlt ______ Herr Cil zahlt ______ Frau Stelzer zahlt ______

Frau Karzek zahlt ______ Herr Arioli zahlt ______ Herr Jansen zahlt ______

Anwenden und Vernetzen

4 Das Wasser fließt gleichmäßig aus dem Schlauch in der Hand des Kindes in die zuerst leere runde Schüssel.

a) Kreuze das Diagramm an, das zur Situation passt.
Zusatzaufgabe: Gib zu den anderen Graphen passende Situationen an.

☐ 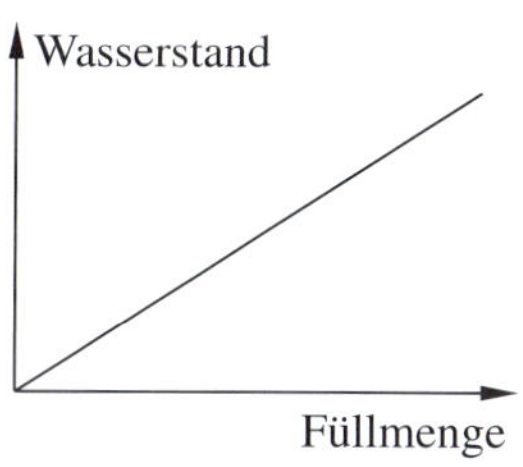

☐ 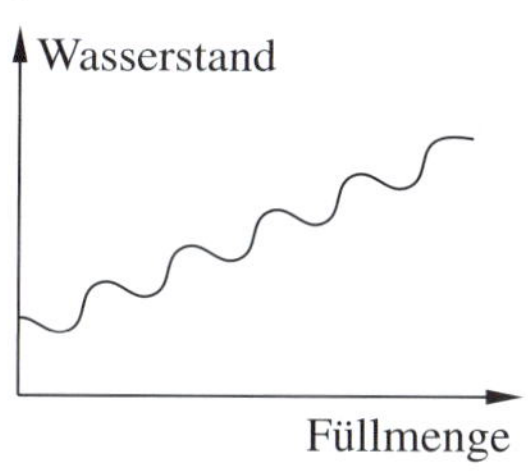

☐ 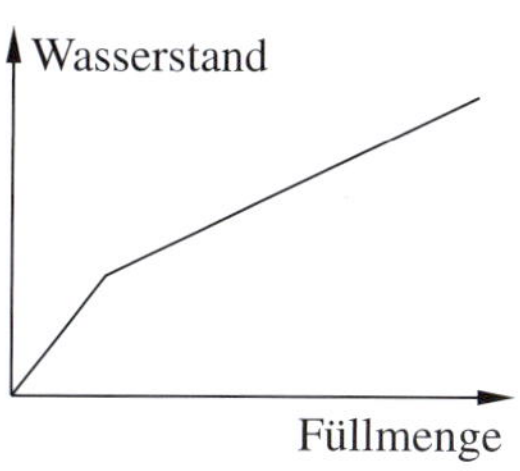

☐ 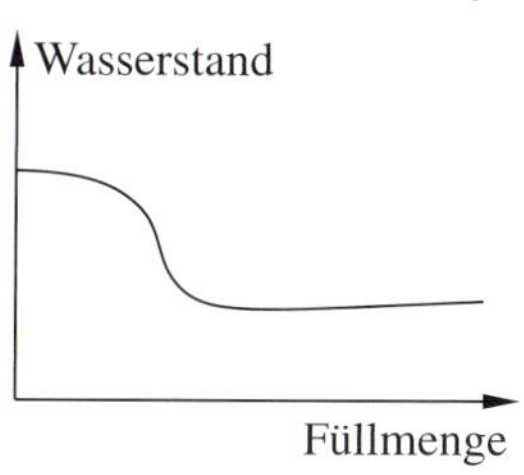

b) Schätze, wie viel Liter Wasser in die leere Schüssel passen. ☐ 10 l ☐ 20 l ☐ 40 l ☐ 80 l

Bewegungsgeschichten

▶ Grundwissen

In Weg-Zeit-Diagrammen werden die Zeiten auf der x-Achse und die Wege auf der y-Achse eingetragen.

Beispiel: Zeit in s → Weg in m

☐ keine Bewegung

☐ langsamer als zuvor

☐ schneller als zuvor

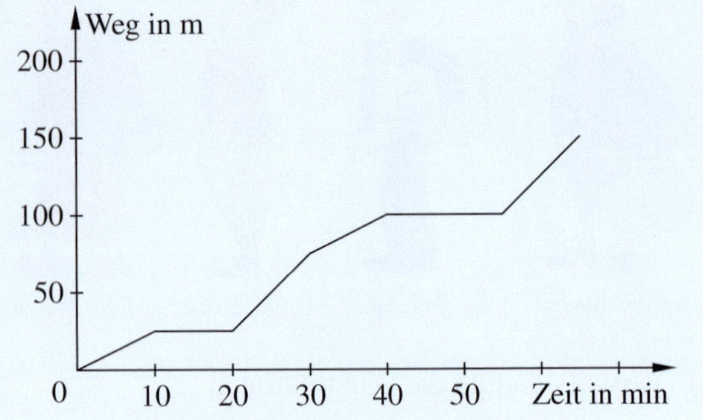

▶ **Auftrag:** Lege zuerst Farben fest. Zeichne danach Teile des Graphen mit den passenden Farben nach.

Trainieren

1 Vergleich von Fortbewegungsmitteln

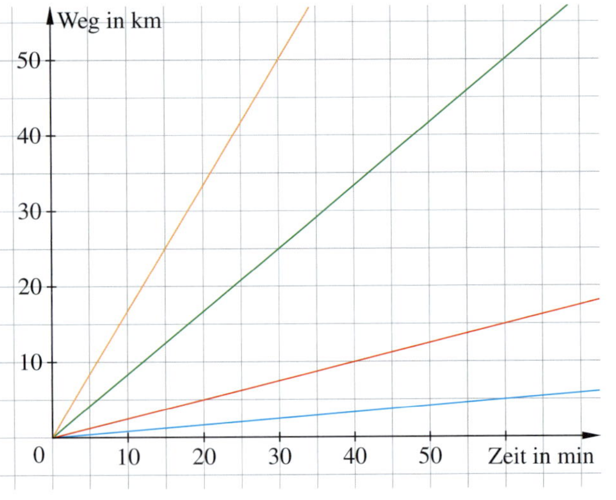

a) Welche Größen werden einander zugeordnet?

_______________ → _______________

b) Ordne den Graphen passende Situationen zu.
Zusatzaufgabe: Gib die Geschwindigkeiten an.

① zu Fuß

② mit dem Rad

③ mit der Bahn

④ mit dem Pkw

c) Ergänze die Sätze mithilfe des Diagramms.

① Zu Fuß benötigt man für 2 km etwa ____ min. In 20 min können etwa ______ zurückgelegt werden.

② Mit dem Rad benötigt man für 2 km etwa ____ min. In 20 min können etwa ______ zurückgelegt werden.

③ Mit der Bahn benötigt man für 2 km etwa ____ min. In 20 min können etwa ______ zurückgelegt werden.

④ Mit dem Pkw benötigt man für 2 km etwa ____ min. In 20 min können etwa ______ zurückgelegt werden.

2 Kreuze das zum Text passende Diagramm an.
Hinweis: Markiere im Text und im Diagramm zueinander passende Bereiche.
Zusatzaufgabe: Passe den Text an ein anderes Diagramm an.

Liam schließt sein Fahrrad ab, um nach Hause zu fahren. Er schiebt es langsam über das Schulgelände bis zum Radweg. Auf dem Radweg fährt er zügig. Als die Ampel von „Grün“ auf „Gelb“ schaltet, fährt er langsamer weiter. Bei „Rot“ redet Liam an der Ampel mit Vanessa. Beim nächsten „Grün“ fährt er langsamer als zuvor mit ihr weiter. Beide reden über Mila. An der nächsten Kreuzung trennen sich ihre Wege. Liam fährt ab dort so schnell wie möglich.

☐ 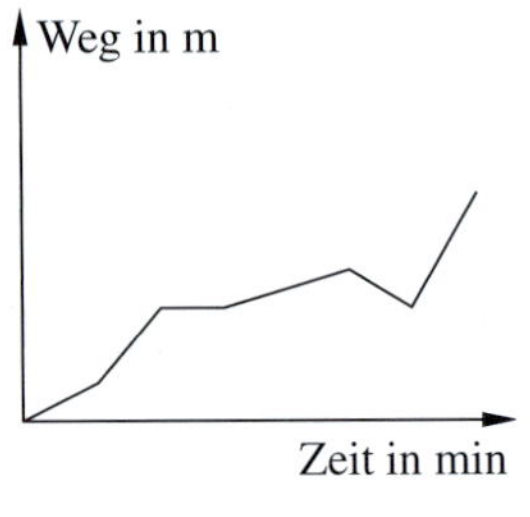

☐ 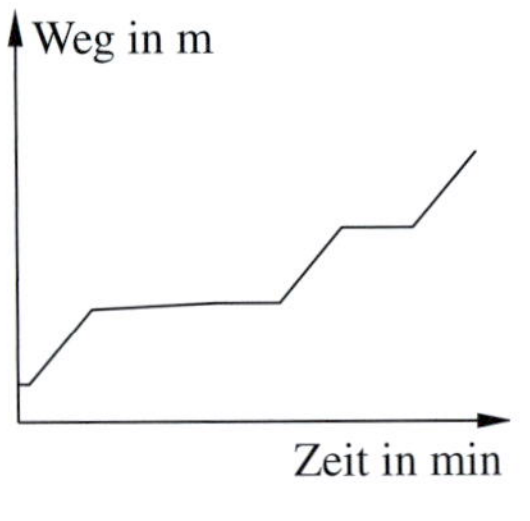

☐ 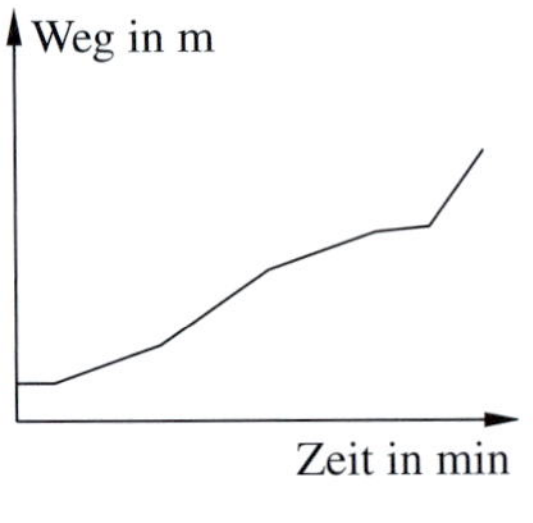

☐ 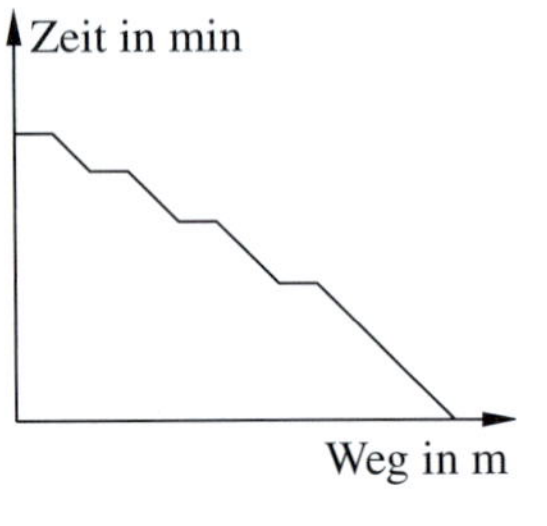

3 Weg-Zeit-Diagramme zu unterschiedlichen Sportarten

① ______________________

Zeit in s	0	2	4	6	8	10
Weg in m	0	4	14	32	56	88

② ______________________

Zeit in s	2	4	6	8	10	12
Weg in m	6	13	21	32	42	53

③ ______________________

Zeit in s	3	6	9	12	15	18
Weg in m	30	80	160	200	230	250

a) Zeichne passende Graphen im Koordinatensystem ein.

b) Schreibe an jede Tabelle eine passende Sportart.

Skispringer | Ruderer | Rennradfahrer

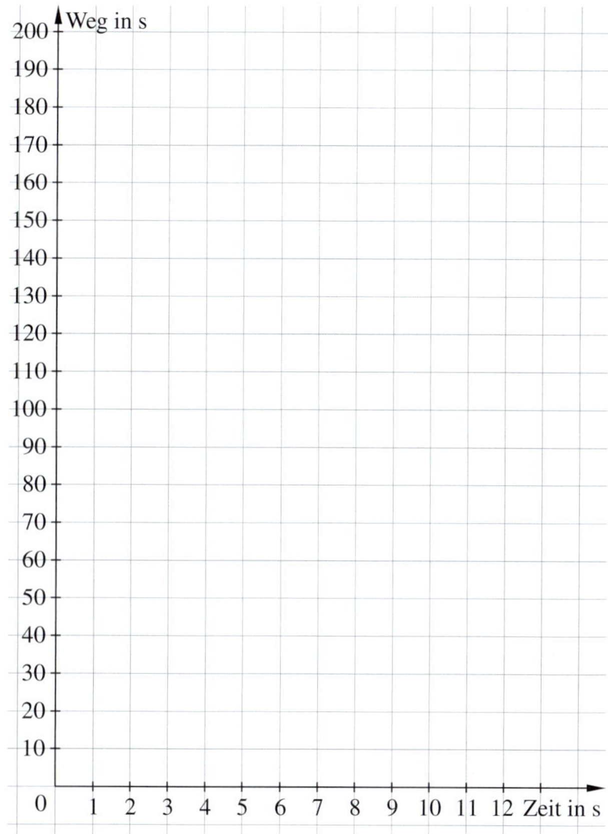

Anwenden und Vernetzen

4 Kim hat eine Radtour mit dem GPS-Gerät aufgezeichnet und dazu ein Weg-Zeit-Diagramm erstellen lassen. Ergänze zu passenden Sätzen.

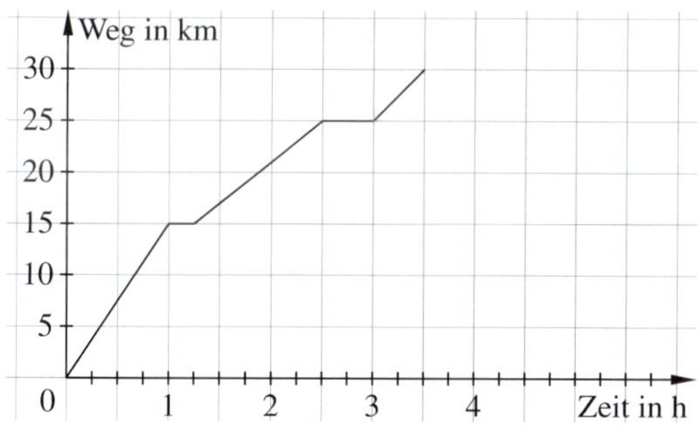

Die Radtour dauerte insgesamt ________ Stunden.

________ Minuten davon ist Kim nicht gefahren.

Sie fuhr ______________________ am schnellsten.

Ihre Durchschnittsgeschwindigkeit war ________ pro Stunde.

5 Ordne jeder Rennstrecke ein passendes Diagramm zu.
Zeichne Linien ein.
Zusatzaufgabe: Beschreibe die Fahrten.

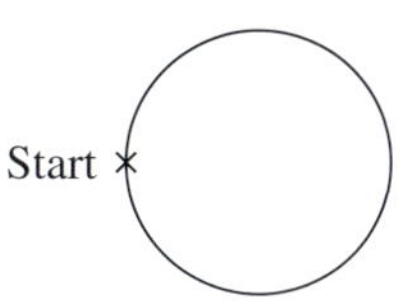

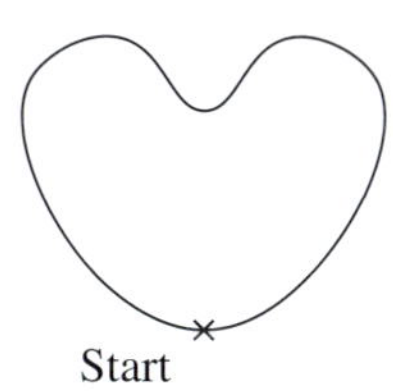

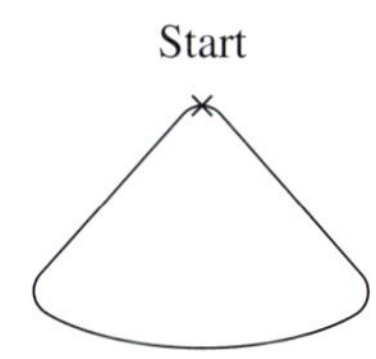

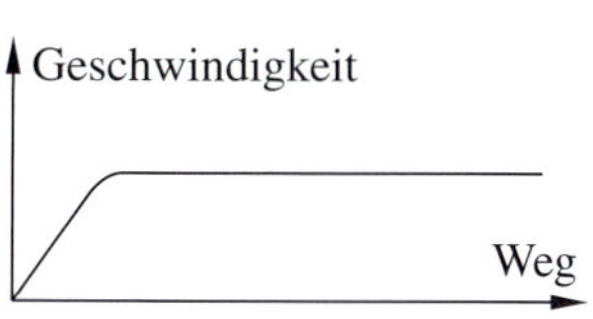

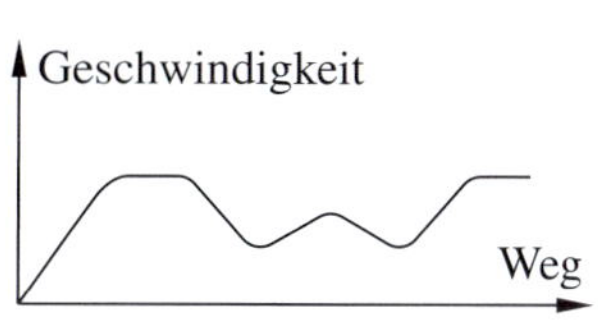

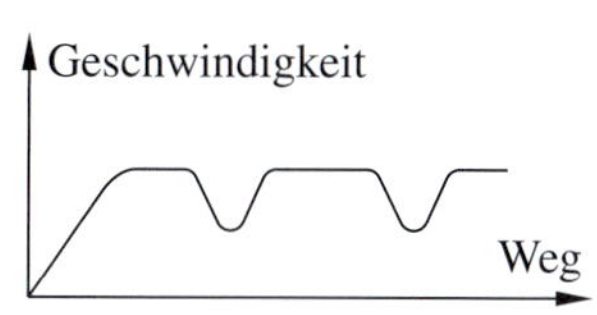

Proportionale Zuordnungen

▶ Grundwissen

- Wenn man bei einer Zuordnung die Werte einer Größe immer mit derselben Zahl multiplizieren kann, um die Werte der zugeordneten Größe zu erhalten, dann ist es eine proportionale Zuordnung. Die Zahl, mit der multipliziert wird, heißt Proportionalitätsfaktor.
- Trägt man die Wertepaare einer proportionalen Zuordnung in ein Koordinatensystem ein, dann liegen die Punkte auf einem Strahl, der im Koordinatenursprung, dem Punkt $O\,(0\,|\,0)$, beginnt.

Beispiel: Jedes Brötchen kostet 0,25 €.

Anzahl der Brötchen	1	2	6	8
Gesamtpreis in €	0,25			2,00

Der Proportionalitätsfaktor ist 0,25.

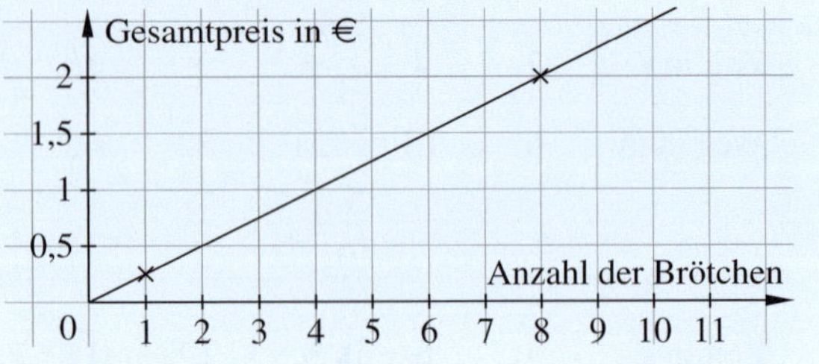

▶ **Auftrag:** Ergänze die fehlenden Punkte im Koordinatensystem und die Werte in der Tabelle.

Trainieren

1 Ergänze die Tabellen und die Proportionalitätsfaktoren.

a) Anzahl der Stühle → Gesamtpreis in €

Anzahl der Stühle	1	2	3	4
Gesamtpreis in €	25			

Der Proportionalitätsfaktor ist ____________

b) Anzahl der Tafeln → Gesamtpreis in €

Anzahl der Tafeln	1	2	3	4
Gesamtpreis in €	0,99			

Der Proportionalitätsfaktor ist ____________

c) Anzahl der Bälle → Gesamtpreis in €

Anzahl der Bälle	1	2	6	8
Gesamtpreis in €	9			

Der Proportionalitätsfaktor ist ____________

d) Anzahl der Pflanzen → Gesamtpreis in €

Anzahl der Pflanzen	1	2	10	20
Gesamtpreis in €	0,49			

Der Proportionalitätsfaktor ist ____________

2 Ergänze jeweils den Proportionalitätsfaktor.

a) An jeden Tisch werden vier Gäste gesetzt (Tische → Gäste). Der Proportionalitätsfaktor ist ______

b) In jeder Packung sind fünf Stifte (Packungen → Stifte). Der Proportionalitätsfaktor ist ______

c) Jeder Mensch hat zwei Ohren (Menschen → Ohren). Der Proportionalitätsfaktor ist ______

d) Je zwei Kinder arbeiten mit einem Atlas (Kinder → Atlanten). Der Proportionalitätsfaktor ist ______

3 Kreuze die Zuordnungen an, die im Alltag in der Regel proportionale Zuordnungen sind.
Zusatzaufgabe: Begründe deine Entscheidungen mithilfe von Beispielen.

☐ Anzahl der Kinokarten → Gesamtpreis der Kinokarten
☐ Länge in cm → Länge in mm
☐ Wochentag → Datum
☐ Anzahl der Helfer → Umzugsende

4 Kreuze die Koordinatensysteme mit proportionalen Zuordnungen an.

a) ☐ 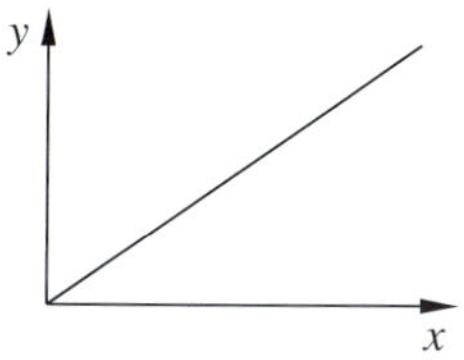

b) ☐ 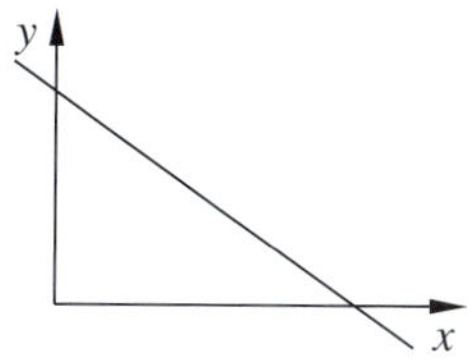

c) ☐ 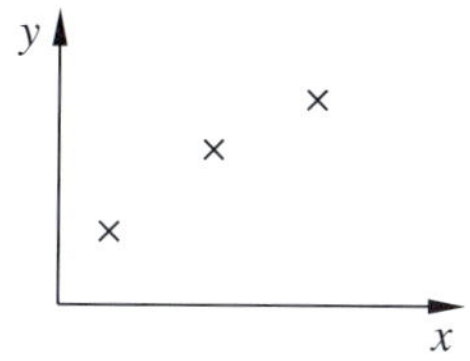

d) ☐ 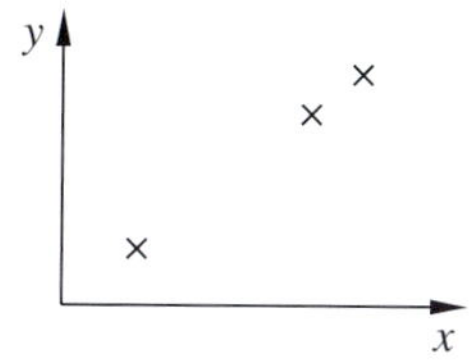

5 Ergänze zuerst die Tabellen zu proportionalen Zuordnungen. Veranschauliche sie danach im Koordinatensystem.

a)

x	1	2	3	4	5
y		1			

b)

x	1	2	4	6	7
y		2,2			

c)

x	1	3	5	6	7
y		2,1			

d)

x	1	4	5	6	7
y		0,8			

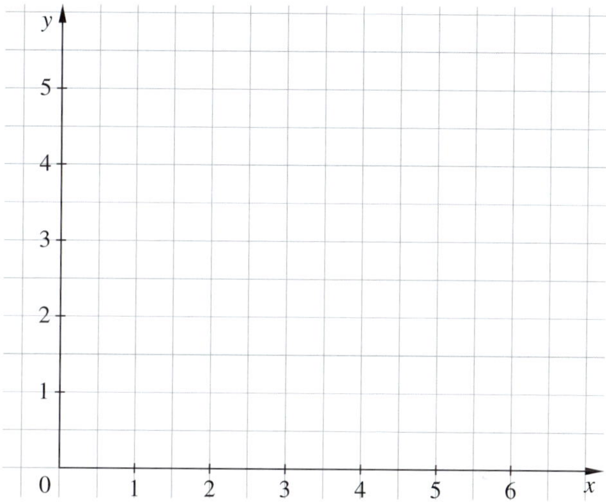

Anwenden und Vernetzen

6 Die Eltern haben beim Laufen eine Schrittlänge von etwa 1,2 m. Bei der kleineren Tochter sind es etwa 70 cm.

a) Ergänze die Tabellen.

Schritte der Eltern	100	200	400	500
zurückgelegter Weg in m				

Schritte der Tochter	100	200	400	500
zurückgelegter Weg in m				

b) Veranschauliche im Koordinatensystem die Zuordnung der Anzahl der Schritte zum zurückgelegten Weg.

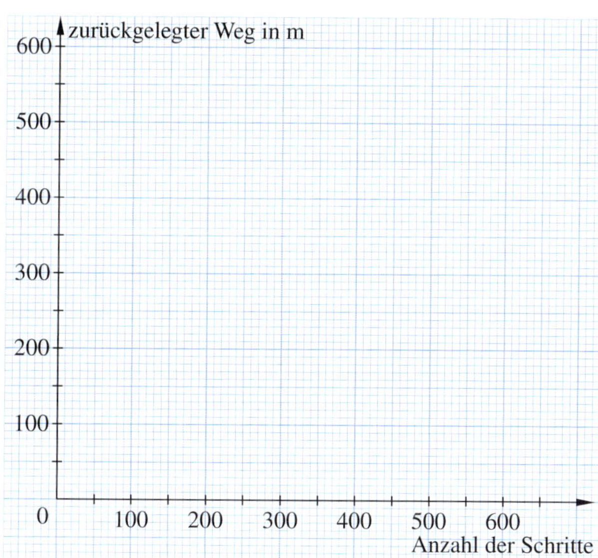

c) Finde heraus, nach wie vielen Metern die kleinere Tochter bei der gleichen Anzahl an Schritten wie die Eltern 10 m hinter den Eltern laufen würde.

____

d) Beschreibe kurz, wie man Schrittlängen ermitteln kann.

____

____

____

Absolute und relative Häufigkeiten

▶ Grundwissen

- Die absolute Häufigkeit gibt die Anzahl an, wie oft ein Ereignis eingetreten ist.
- Die relative Häufigkeit gibt den Anteil an, wie oft ein Ereignis eingetreten ist.

relative Häufigkeit eines Ereignisses = $\frac{\text{absolute Häufigkeit des Ereignisses}}{\text{Gesamtzahl aller Ereignisse}}$

Beispiel: Farbe der Dominosteine

	Rot	Gelb	Blau	Schwarz
absolute Häufigkeit der Farbe	8			0
relative Häufigkeit der Farbe	$\frac{8}{17}$			$\frac{0}{17} = 0$

▶ Auftrag: Ergänze die fehlenden relativen und absoluten Häufigkeiten.

Trainieren

1

a) Gib die absoluten und relativen Häufigkeiten der Punktzahlen an.

	6	5	4	3	2	1	0
absolute Häufigkeit der Punkte							
relative Häufigkeit der Punkte							

b) Gib die absoluten und relativen Häufigkeiten der angegebenen Gesamtpunktzahlen auf den Steinen an.

	12	11	10	9	8	7	6
absolute Häufigkeit der Gesamtpunktzahlen							
relative Häufigkeit der Gesamtpunktzahlen							

c) Beschrifte die Steine eines Dominos so, dass die relativen Häufigkeiten aller Möglichkeiten gleich sind.
Hinweis: Zeichne die Punkte mit Bleistift ein.

	6	5	4	3	2	1	0
absolute Häufigkeit der Punkte							
relative Häufigkeit der Punkte							

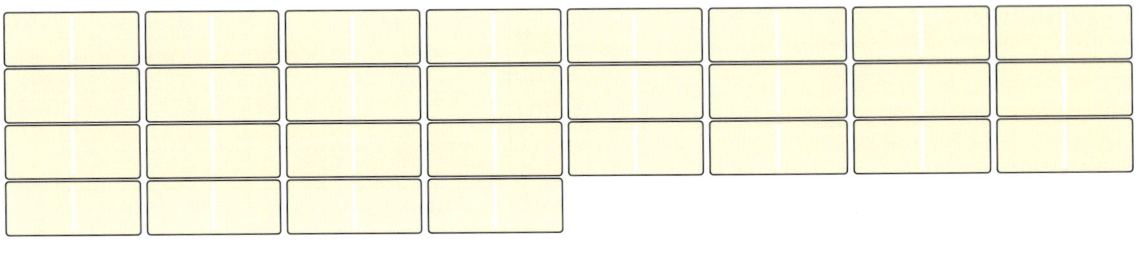

2 Modelltest von Sportschuhen

a) Ergänze zuerst die Tabelle und danach die Sätze.

	Schuh ①	Schuh ②	Schuh ③	Schuh ④	Schuh ⑤	Schuh ⑥
Anzahl der Tester	100	50	80	60	75	35
absolute Häufigkeit der Bewertung „gut“	23	39	40	15	30	7
relative Häufigkeit der Bewertung „gut“ als Bruch						
relative Häufigkeit der Bewertung „gut“ als Dezimalbruch						

Die zwei besten Bewertungen erhielten die Schuhe ____________

Wenn die Hälfte der Tester einen Schuh mit „gut“ bewerteten, wird das Modell verkauft, also Schuh ____________

Die größte Anzahl der jeweiligen Tester bewertete den Schuh ______ mit „gut“.

Der größte Anteil der jeweiligen Tester bewertete den Schuh ______ mit „gut“.

b) Für einen zweiten Test sind die angestrebten relativen Häufigkeiten vorgegeben.
Ergänze die passenden Werte in der Tabelle.

	Schuh ①	Schuh ②	Schuh ③	Schuh ④	Schuh ⑤	Schuh ⑥
Anzahl der Tester	200	200	200	200	200	200
absolute Häufigkeit der Bewertung „gut“						
relative Häufigkeit der Bewertung „gut“ als Bruch						
relative Häufigkeit der Bewertung „gut“ als Dezimalbruch	0,50	0,80	0,6	0,70	0,90	0,75

Anwenden und Vernetzen

3 Kleingeld im Sparschwein

1-Cent-Münzen	𝍸 𝍸 𝍸 𝍸 𝍸 𝍸 𝍸 𝍸 𝍸 𝍸 𝍸 𝍸 𝍸 ||
2-Cent-Münzen	𝍸 𝍸 𝍸 𝍸 𝍸 𝍸 𝍸 𝍸 𝍸 𝍸 ||
5-Cent-Münzen	𝍸 𝍸 𝍸 𝍸 𝍸 𝍸 𝍸 𝍸
10-Cent-Münzen	𝍸 𝍸 𝍸 𝍸 𝍸 𝍸 𝍸 𝍸 𝍸 𝍸 𝍸 𝍸 |
20-Cent-Münzen	𝍸 𝍸 𝍸 𝍸 𝍸 𝍸 𝍸 𝍸 𝍸 |||
50-Cent-Münzen	𝍸 𝍸 𝍸 𝍸 𝍸 𝍸 𝍸 𝍸 𝍸 𝍸 𝍸 𝍸 𝍸 𝍸 𝍸 𝍸
1-Euro-Münzen	𝍸 𝍸 𝍸 𝍸 |||
2-Euro-Münzen	𝍸 𝍸 𝍸 𝍸 𝍸 ||||

a) Ergänze die Tabelle.
Zusatzaufgabe: Gib jeweils die relative Häufigkeit mit einem Dezimalbruch an. Rechne auf einem zusätzlichen Blatt.

	0,01 €	0,02 €	0,05 €	0,10 €	0,20 €	0,50 €	1 €	2 €
absolute Häufigkeit der Münzen								
relative Häufigkeit der Münzen								
Wert der Münzen in €								

b) Gib den Gesamtwert der Münzen aus dem Sparschwein an.
Hinweis: Rechne vorteilhaft. ____________

Baumdiagramme

▶ Grundwissen

Mit Baumdiagrammen können alle Möglichkeiten genau einmal dargestellt werden.

Beispiel:
Martin (M), Alexander (A) und Kolja (K) überlegen, wer beim Staffellauf als Erster, Zweiter bzw. Dritter startet.
Dafür veranschaulichen sie alle Möglichkeiten genau einmal.

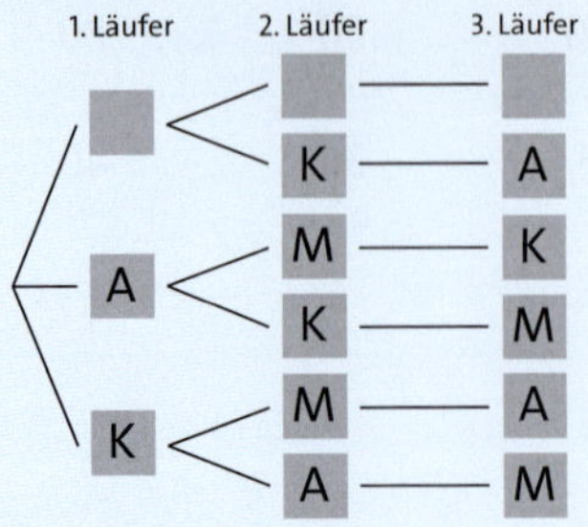

Variante 1: ____________________
Variante 2: Martin – Kolja – Alexander
Variante 3: Alexander – Martin – Kolja
Variante 4: Alexander – Kolja – Martin
Variante 5: Kolja – Martin – Alexander
Variante 6: Kolja – Alexander – Martin

▶ **Auftrag:** Ergänze Variante 1 im Baumdiagramm und rechts in der Auflistung.

Trainieren

1 Jeder der drei Streifen der Flagge des Sportclubs Tricolor soll eine andere Farbe haben. Schwarz, Grün, Blau und Rot stehen zur Verfügung.

a) Veranschauliche im Baumdiagramm alle Möglichkeiten. Färbe dazu die Teile der Flaggen ein.

b) Markiere die drei am besten aussehenden Flaggen.

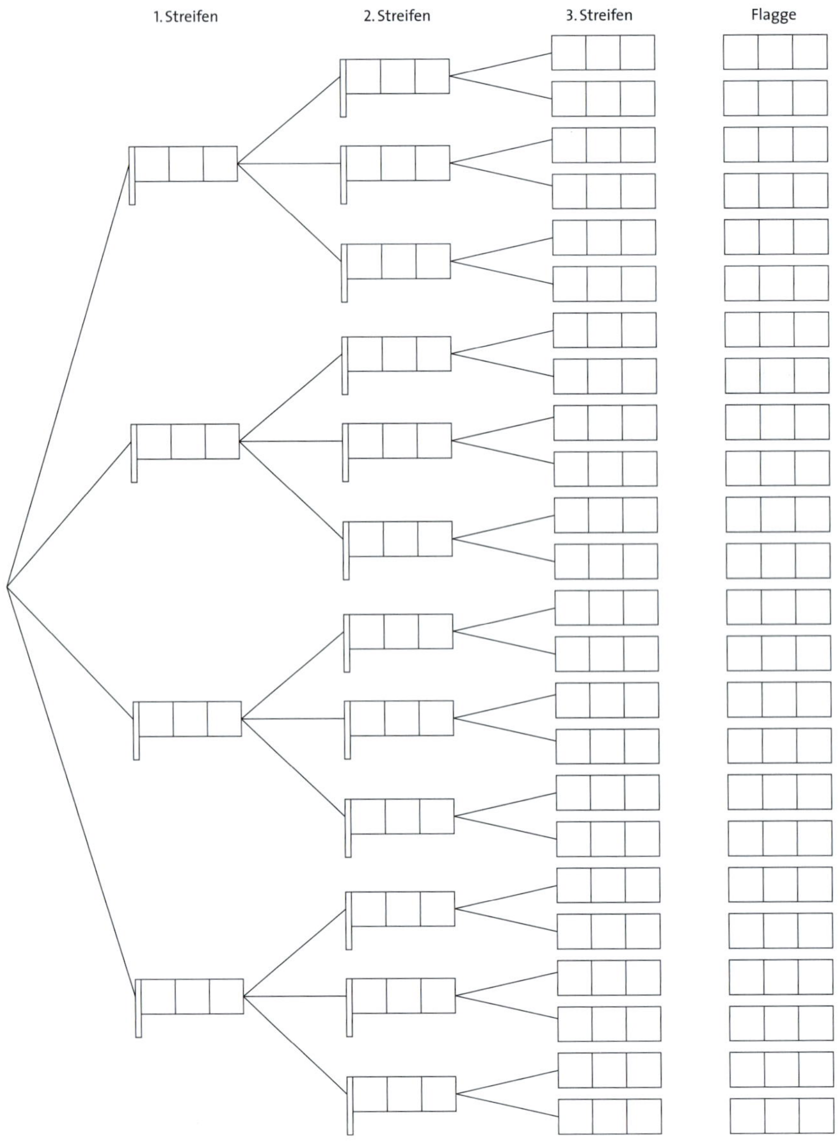

2 Anordnung von Buchstaben, wobei jeder Buchstabe nur einmal vorkommt

a) Stelle im Baumdiagramm alle Möglichkeiten, die Buchstaben O, R und T nacheinander anzuordnen, dar. Notiere rechts daneben die Möglichkeiten und unterstreiche alle Anordnungen, die ein sinnvolles Wort ergeben.

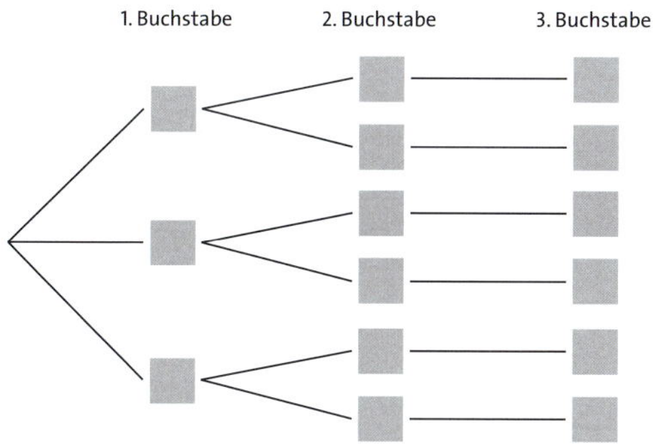

b) Wie viele Möglichkeiten gibt es, die Buchstaben O, R, T und E nacheinander anzuordnen? Begründe dein Ergebnis.
Hinweis: Überlege, wie viele Möglichkeiten es für den ersten, zweiten, dritten und vierten Buchstaben gibt.

Anwenden und Vernetzen

3 Anna sagt: „Ich habe drei Geschwister. Mindestens eins davon ist ein Bruder."
Stefanie sagt: „Ich habe auch drei Geschwister. Das jüngste ist ein Bruder."

Finde mithilfe eines Baumdiagramms heraus, wer von beiden vermutlich eher mindestens zwei Brüder haben kann. Begründe deine Meinung.
Hinweis: Schreibe jeweils „J" für Bruder bzw. Junge und „M" für Schwester bzw. Mädchen.

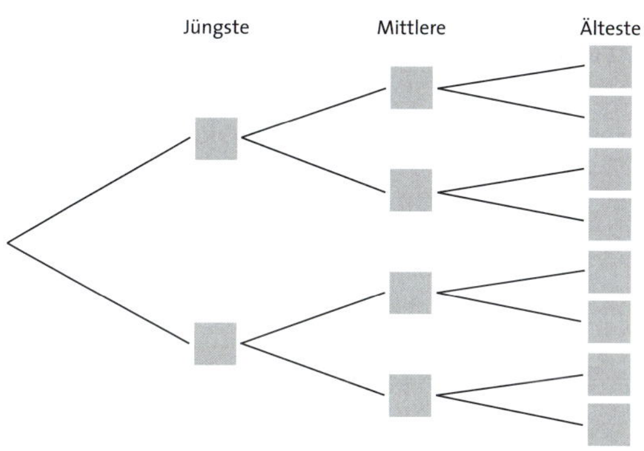

Geschwister nach dem Alter sortiert von Anna:

Geschwister nach dem Alter sortiert von Stefanie:

Kapitel Teilbarkeit

1 Trage das passende Zeichen ein.
Hinweis: „|“ steht für „ist Teiler von“. „∤“ steht für „ist kein Teiler von“.

a) 3 ☐ 12 **b)** 4 ☐ 22 **c)** 5 ☐ 1 245 **d)** 6 ☐ 84

e) 9 ☐ 927 **f)** 10 ☐ 309 **g)** 15 ☐ 15 **h)** 30 ☐ 15

2 Welche Ziffer kann jeweils an die Stelle von * gesetzt werden?
Finde möglichst viele Möglichkeiten.

a) 704* ist durch 2 teilbar. ______________

b) 56*4 ist durch 4 teilbar. ______________

c) 56*1 ist durch 3 teilbar. ______________

d) 7*50 ist durch 6 teilbar. ______________

e) 356* ist durch 5 teilbar. ______________

f) 821* ist durch 10 teilbar. ______________

3 Schreibe jeweils in die Kreise die Teiler der vorgegebenen Zahl.

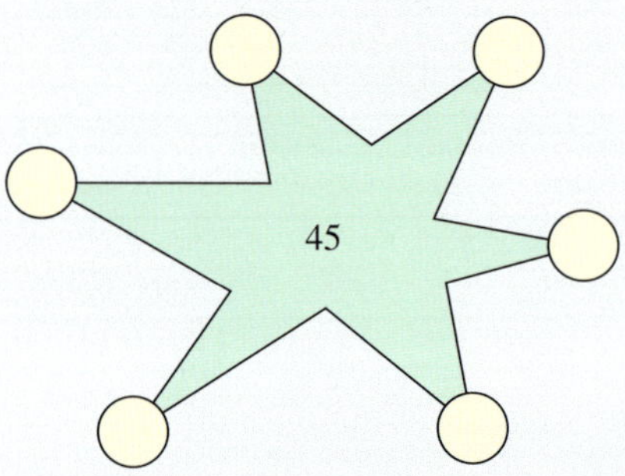

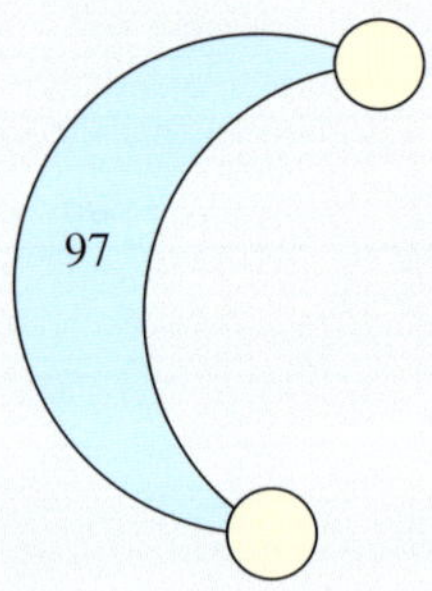

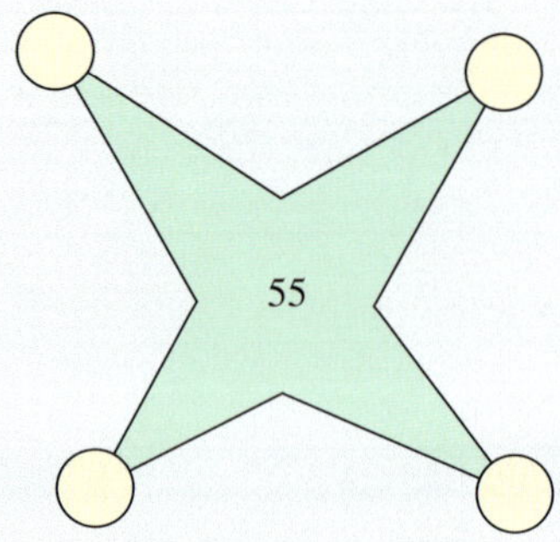

4 Ergänze die Teiler.

a) Teiler von 21 sind ______________

b) Teiler von 31 sind ______________

c) Teiler von 33 sind ______________

5 Gib alle acht Primzahlen an, die kleiner als 20 sind.

____

6 Um 6:30 Uhr fahren die Busse der Linien 13, 24 und 35 gleichzeitig vom Busbahnhof ab.
Die Busse der Linie 13 fahren ab 6:30 Uhr alle 20 Minuten.
Die Busse der Linie 24 fahren ab 6:30 Uhr alle 15 Minuten.
Die Busse der Linie 35 fahren ab 6:30 Uhr alle 12 Minuten.
Ermittle mithilfe von Vielfachen, wann die Busse im Laufe des Tages noch gleichzeitig abfahren.

Vielfache von 20 sind ______________

Vielfache von 15 sind ______________

Vielfache von 12 sind ______________

____

____

____

Kapitel Brüche und Dezimalbrüche

1 Gib jeweils den Anteil der dunkel eingefärbten Teile als Bruch und Dezimalbruch an.

a) ______ b) ______ c) ______ d) ______

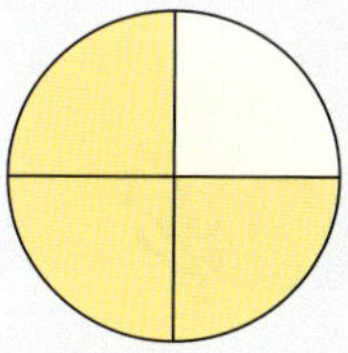
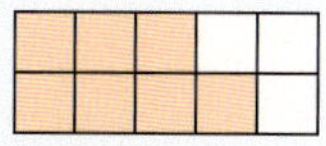
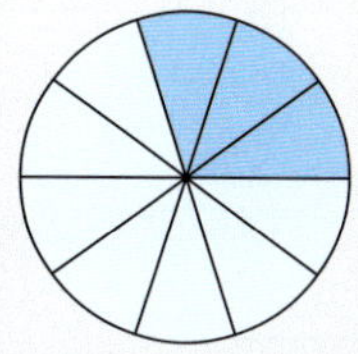
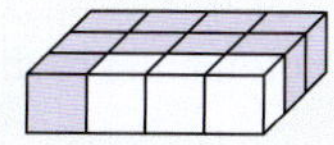

2 Setze die fehlenden Zahlen ein.

a) $\frac{2}{3}=\frac{10}{\square}$ b) $\frac{7}{11}=\frac{\square}{33}$ c) $\frac{7}{25}=\frac{28}{\square}$ d) $1=\frac{\square}{8}$

e) $2\frac{1}{3}=\frac{\square}{3}$ f) $4\frac{1}{5}=\frac{21}{\square}$ g) $\frac{7}{2}=\square\frac{1}{2}$ h) $\frac{19}{6}=\square\frac{\square}{6}$

3 Vergleiche.

a) $\frac{7}{21}\;\square\;\frac{1}{3}$ b) $\frac{1}{4}\;\square\;\frac{8}{36}$ c) $\frac{72}{100}\;\square\;\frac{3}{4}$ d) $\frac{7}{8}\;\square\;1$

e) $1\frac{5}{6}\;\square\;\frac{1}{3}$ f) $2\frac{3}{8}\;\square\;\frac{6}{8}$ g) $7\frac{3}{10}\;\square\;\frac{73}{10}$ h) $9\frac{2}{9}\;\square\;\frac{86}{9}$

4 Ordne jedem Bruch eine Stelle zu und schreibe jeweils den entsprechenden Dezimalbruch dazu.

$\frac{6}{12};\ \frac{5}{10};\ \frac{7}{5};\ \frac{3}{4};\ \frac{5}{4};\ \frac{3}{10};\ 1\frac{1}{4};\ \frac{7}{10};\ \frac{6}{20};\ 1\frac{1}{5};\ \frac{8}{5}$

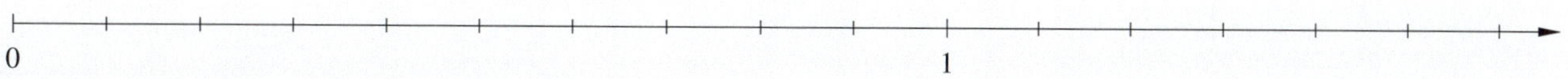

5 Wandle die Brüche mithilfe der Division in Dezimalbrüche um.

a) $\frac{13}{20}=$ ______ b) $\frac{11}{3}=$ ______ c) $\frac{15}{11}=$ ______

6 Finde einen Spruch, indem du die Zahlen der Größe nach ordnest und durch die Buchstaben ersetzt.

$\frac{1}{2}$	0,59	1,21	0,6	1	0,99	0,599	$\frac{4}{5}$	0,18	$\frac{6}{5}$	$\frac{61}{100}$	1,09	0,81	0,9	$\frac{11}{10}$
A	C	D	E	E	G	H	I	L	N	N	S	S	T	U

______

______

Kapitel Winkel

1 Ermittle, um wie viel Grad sich der Minutenzeiger einer Uhr bewegt.

a) 10 Minuten entsprechen ____________

b) 25 Minuten entsprechen ____________

c) 55 Minuten entsprechen ____________

d) 1,5 Stunden entsprechen ____________

2 Winkel messen und zeichnen

a) Gib die Größe und die Art der Winkel an.

$\alpha =$ ______ ____________________

$\beta =$ ______ ____________________

$\gamma =$ ______ ____________________

$\delta =$ ______ ____________________

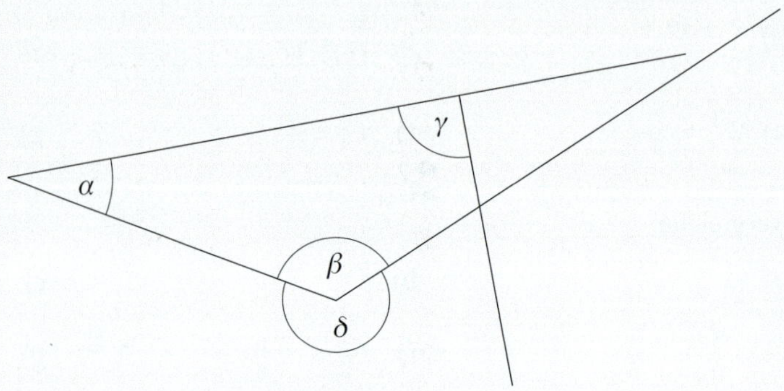

b) Zeichne folgende Winkel.

$\alpha = 35°$

$\beta = 135°$

$\gamma = 240°$

$\delta = 290°$

Kapitel Beziehungen zwischen Winkeln

1

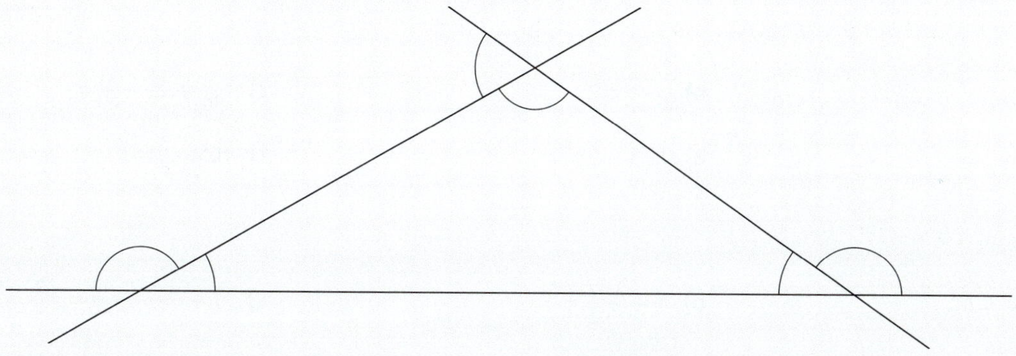

a) Beschrifte das Dreieck *ABC*.

b) Gib die Größen der Innenwinkel und deren Summen an.

____

c) Gib die drei Außenwinkelgrößen und deren Summen an.

____

d) Gib die Art des Dreiecks an.

____

e) Das Dreieck wird an der längsten Seite gespiegelt.
Was für eine Figur entsteht?
Wie groß ist die Innenwinkelsumme der Figur?

____

2 Ermittle ohne Geodreieck die Größen der Winkel.

a)

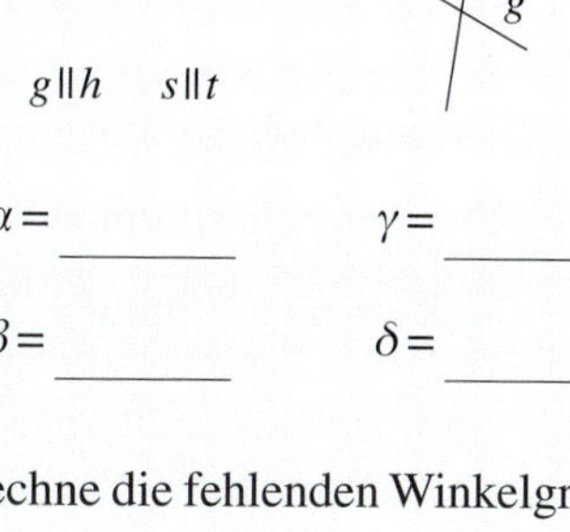

$\alpha =$ ______ $\gamma =$ ______

$\beta =$ ______ $\delta =$ ______

b)

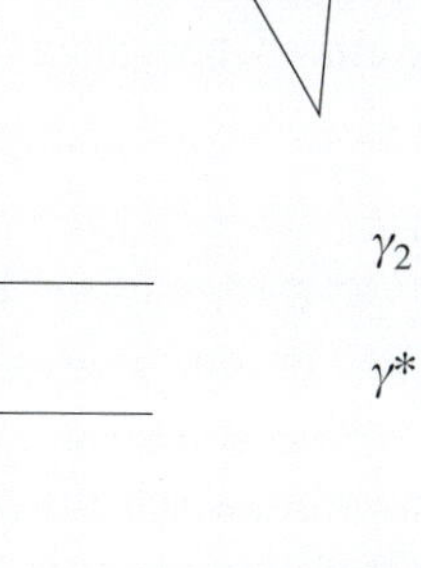

$\beta =$ ______ $\gamma_2 =$ ______

$\gamma =$ ______ $\gamma^* =$ ______

3 Berechne die fehlenden Winkelgrößen.

a) Dreieck *ABC* mit … $\alpha = 70°$ $\beta = 35°$ $\gamma =$ ______

b) gleichseitiges Dreieck *ABC* mit … $\alpha =$ ______ $\beta =$ ______ $\gamma =$ ______

c) gleichschenkliges Dreieck mit … $\alpha = 42°$ $\beta = 69°$ $\gamma =$ ______

d) rechtwinkliges, gleichschenkliges Dreieck mit … $\alpha =$ ______ $\beta =$ ______ $\gamma =$ ______

Kapitel Brüche und Dezimalbrüche addieren und subtrahieren

1 Berechne.

a) $\frac{1}{3}+\frac{2}{3}=$ ____________

b) $\frac{1}{4}-\frac{2}{8}=$ ____________

c) $\frac{7}{30}+\frac{11}{20}-\frac{21}{60}=$ ____________

d) $\left(\frac{4}{5}+\frac{1}{2}\right)-\frac{7}{9}=$ ____________

e) $0{,}75+\frac{1}{3}=$ ____________

f) $0{,}5-\frac{3}{8}=$ ____________

2 Ergänze.

a) $\frac{2}{5}+\frac{\square}{\square}=1\frac{1}{5}$

b) $\frac{\square}{\square}-\frac{7}{5}=\frac{5}{7}$

c) $1+\frac{\square}{\square}+\frac{2}{9}=2\frac{1}{9}$

d) $\frac{3}{8}-\left(\frac{1}{2}-\frac{\square}{\square}\right)=\frac{1}{8}$

e) $0{,}7+\frac{\square}{\square}=\frac{6}{5}$

f) $\frac{\square}{\square}-0{,}5=\frac{3}{12}$

3 Mara und Max unternahmen eine Radtour. Sie kamen dabei an mehreren Sehenswürdigkeiten vorbei. Beide fuhren um 11:00 Uhr vormittags los und waren um 14:30 Uhr am Ziel. Rund $1\frac{1}{2}$ h haben sie Pause gemacht und sich die Burg angesehen.

a) Berechne, wie viele Kilometer sie gefahren sind.

____

____

____

b) Kreuze an, wie viele Kilometer sie etwa in einer Stunde gefahren sind.

☐ 5 km ☐ 10 km ☐ 15 km ☐ 20 km

4 Entscheide jeweils nur mithilfe eines Überschlags, ob das Ergebnis stimmen kann.

a) $258{,}79+715{,}79=879{,}25$ ☐ kann stimmen ☐ kann nicht stimmen

b) $56{,}358-478{,}45=422{,}092$ ☐ kann stimmen ☐ kann nicht stimmen

c) $478{,}65+15{,}8=494{,}45$ ☐ kann stimmen ☐ kann nicht stimmen

5 Ermittle die Ergebnisse. Rechne dreimal schriftlich.

a) $52{,}32+0{,}945=$ ____________

b) $702{,}5-68{,}5=$ ____________

c) $945+52{,}320=$ ____________

d) $70{,}25-6{,}850=$ ____________

Kapitel Brüche und Dezimalbrüche multiplizieren und dividieren

1 Ergänze die Multiplikationsmauern.

a)

	0,02		
0,4	2,5	0,2	0,4

b)

	0,024		
	0,8		
		40	
0,75			4 000

c)

	0,0000036		
	$\frac{1}{10}$		
0,09		5	0,04

2 Multipliziere schriftlich.

a) $3\,489 \cdot 1{,}25$ b) $12{,}24 \cdot 5{,}03$ c) $0{,}0159 \cdot 4{,}09$

3 Dividiere schriftlich.

a) $1{,}25 : 4$ b) $0{,}00483 : 0{,}23$

4 Multipliziere oder dividiere. Gib das Ergebnis gekürzt und, wenn möglich, als gemischte Zahl an.

a) $7 \cdot \frac{8}{57} =$ ______ b) $\frac{2}{3} \cdot 8 =$ ______ c) $\frac{6}{7} \cdot \frac{1}{5} =$ ______

d) $\frac{2}{3} \cdot 2\frac{3}{4} =$ ______ e) $\frac{3}{18} : 5 =$ ______ f) $9 : \frac{9}{8} =$ ______

g) $\frac{7}{11} : \frac{4}{5} =$ ______ h) $2\frac{2}{7} : 7 =$ ______ i) $7 : 1\frac{2}{3} =$ ______

5 Löse die Aufgaben.

a) Wie viel sind $\frac{3}{5}$ von $2\frac{1}{2}$ l Saft?

______

b) Sind drei Viertel von 0,75 l Saft mehr als $\frac{1}{2}$ l Saft oder weniger?

______

Kapitel Körper

1 Wandle in die gegebene Einheit um.

a) $65\,000\ cm^3 =$ ________ dm^3 **b)** $0{,}3\ m^3 =$ ________ dm^3

c) $3{,}8\ cm^3 =$ ________ mm^3 **d)** $0{,}0008\ m^3 =$ ________ cm^3

e) 14 l = ________ dm^3 **f)** 275 000 ml = ________ l

2 Philipp wollte sechs verschiedene Netze eines Würfels zeichnen.
Beurteile sein Ergebnis.

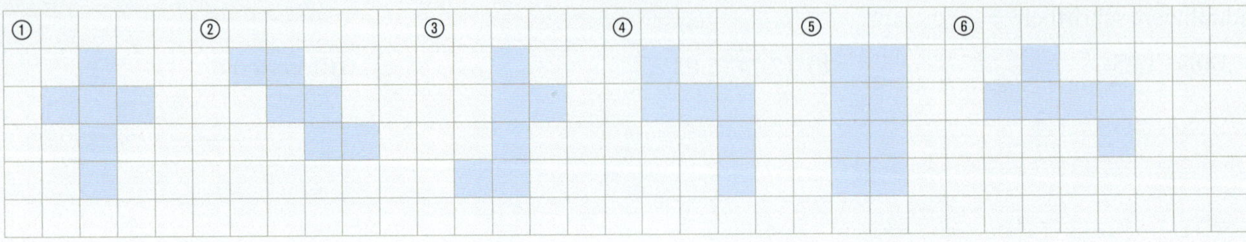

____

3 Rechteck und Quader

a) Zeichne ein Rechteck mit 2 cm und 3 cm Seitenlänge.
Ergänze das Rechteck zum Schrägbild eines Quaders mit 4 cm Tiefe.

b) Gib jeweils die Anzahl an.

Kanten: ________

Flächen: ________

Ecken: ________

c) Zeichne ein Körpernetz des von dir gezeichneten Quaders.
Gib das Volumen V und den Oberflächeninhalt A_O des Quaders an.

____

____

____

____

____

Kapitel Zuordnungen

1 Ergänze zum Foto passende Zuordnungen.

Spieler → ______________________

Mannschaft → ______________________

Spielzeit → ______________________

2 Autofahrten

a) Im Diagramm ist dargestellt, wann sich wie viel Kraftstoff im Tank eines Autos befand.
Ordne den Abschnitten passende Vorgänge zu.
Schreibe dazu die Nummern an den Graphen.

① Tanken
② Parken
③ Fahren im Stau
④ sehr schnelles Fahren auf der Autobahn

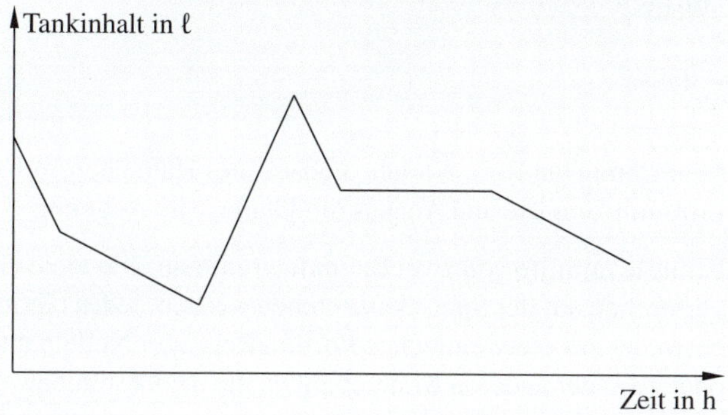

b) Zeichne einen zum Text passenden Graphen.

Familie Pohl fährt mit dem Auto in den Urlaub.
Auf dem Weg zur Autobahn sind die Straßen sehr voll, dadurch kommen sie nur langsam voran.
Die Autobahn ist durchweg frei, sie können zügig fahren.
An einer Autobahnraststätte legen sie eine halbstündige Pause ein. Nach dem Verlassen der Autobahn fahren sie gemächlich über Landstraßen zur Ferienwohnung.

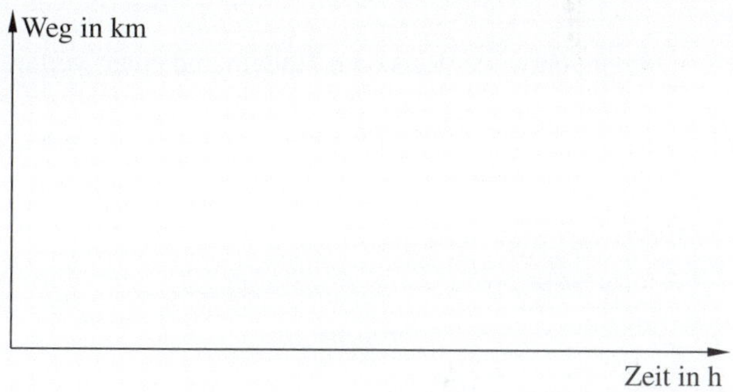

3 Auf jeder Etage befinden sich fünf Wohnungen (Etage → Wohnungen).

a) Gib den Proportionalitätsfaktor an. ________

b) Ergänze zuerst die Tabelle.
Veranschauliche danach die Zuordnung im Koordinatensystem.

Anzahl der Etagen	1	6	8	12
Anzahl der Wohnungen	5			

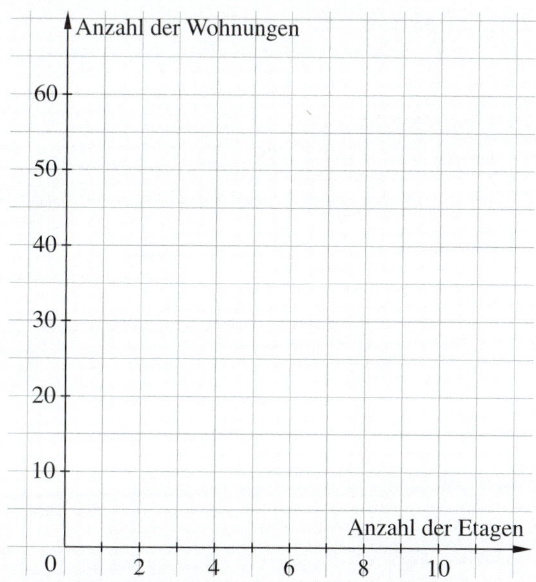

c) Nenne Gemeinsamkeiten aller proportionalen Zuordnungen, die in einem Koordinatensystem dargestellt sind.

____

____

____

d) Kreuze die Zuordnungen an, die im Alltag in der Regel proportionale Zuordnungen sind.

☐ Anzahl der im Haus hochgelaufenen Etagen → Anzahl der hochgelaufenen Treppenstufen
☐ Anzahl der Etagen der Häuser → Anzahl der jeweiligen Hausbewohner
☐ Anzahl der Flaschen mit Kirschsaft einer Sorte → Gesamtpreis in Euro
☐ Anzahl der Maler → Anzahl der zum Streichen des Hauses benötigten Stunden

Kapitel Häufigkeiten

1 Ergänze die Tabelle.

Farbe	Strichliste	absolute Häufigkeit	relative Häufigkeit
Rot			
Grün			
Gelb			
Weiß			
Orange			

2 Frau Chung hat Reis, Nudeln, gebackenes Hähnchen, gebackene Ente, Pilze mit Gemüse und Ananas mit Gemüse im Angebot.

Ermittle mithilfe von zwei Baumdiagrammen, wie viele Gerichte vermutlich auf der Speisekarte stehen werden. Jedes Gericht besteht entweder aus einer einfachen Portion Reis oder Nudeln und einer oder zwei der anderen Komponenten, die dazukommen.

Gerichte mit entweder Reis oder Nudeln und einer weiteren Komponente

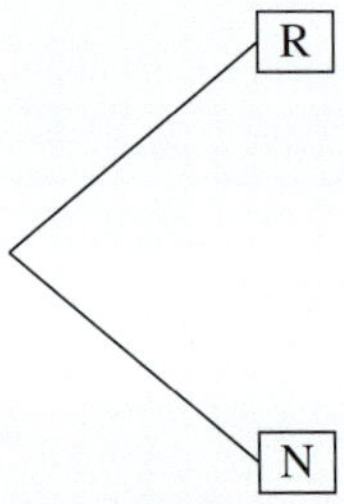

Gerichte mit Reis oder Nudeln und zwei weiteren Komponenten

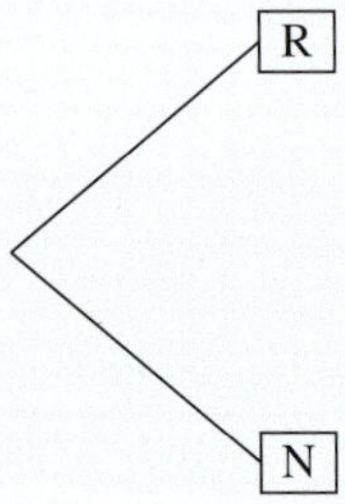

Jahrgangsstufentest

1 Kreuze an.

	20	75	132	1 095	2 862	5 580	5 585	57 894
Zahlen, die durch 5 teilbar sind								
Zahlen, die durch 4 teilbar sind								
Zahlen, die durch 6 teilbar sind								
Zahlen, die durch 9 teilbar sind								

2 Rechne im Kopf.

a) $5{,}3 + 2{,}05 - 5 =$ ____ **b)** $2{,}4 + 5 : 2 =$ ____ **c)** $(4{,}6 - 2) : 0{,}5 =$ ____ **d)** $3{,}1 \cdot 5 + 5 =$ ____

e) $\frac{7}{12} + \frac{5}{12} =$ ____ **f)** $\frac{5}{9} + \frac{1}{3} =$ ____ **g)** $\frac{6}{13} - \frac{4}{13} =$ ____ **h)** $\frac{1}{6} - \frac{1}{12} =$ ____

i) $\frac{7}{4} \cdot 4 =$ ____ **j)** $\frac{7}{11} \cdot \frac{33}{49} =$ ____ **k)** $\frac{18}{21} : 6 =$ ____ **l)** $\frac{56}{71} : \frac{28}{9} =$ ____

3 Rechne schriftlich.

a) $754{,}382 + 250{,}307$ **b)** $496{,}576 - 78{,}504$ **c)** $100{,}857 - 99{,}98$

d) 3,615 · 2=,34 **e)** $33{,}41 : 13$ **f)** $3{,}705 : 1{,}5$

4 Winkel

a) Miss die Winkel.

$\alpha =$ ____ $\beta =$ ____ $\gamma =$ ____ $\delta =$ ____

b) Die Punkte *B*, *C* und *D* sollen Ecken eines Dreiecks sein.
Gib die Dreiecksarten an.

____

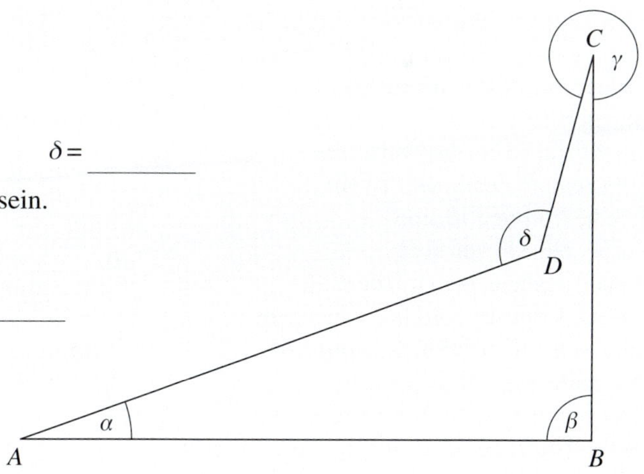

5 Milch wird häufig im Tetrapak angeboten. Eine Packung ist $9\frac{1}{2}$ cm lang, 17 cm hoch und $6\frac{1}{2}$ cm breit.

a) Als Inhalt ist 1 l angegeben. Beurteile diese Angabe.

b) Wie viel Quadratzentimeter Pappe werden mindestens zur Herstellung einer Packung benötigt?

c) Eine quaderförmige Kiste wird mit 18 Packungen Milch gefüllt. Die Packungen stehen nicht übereinander. Gib an, wie viele Packungen hintereinander stehen. Finde mehrere Möglichkeiten.

6 Ergänze Angaben zur Anzahl der Geschwister.

Geschwister	keine	eins	zwei	drei
Strichliste	卌 卌 卌 |||	卌 卌 卌 卌 卌 卌 卌 |	卌 ||||	卌 ||||
absolute Häufigkeit				
relative Häufigkeit				

7 Trage die gesuchten Begriffe ein.
Wenn alles richtig ist, ergeben die Buchstaben in den blauen Kästchen ein Lösungswort.

1. Zwei Strahlen, die von einem gemeinsamen Punkt ausgehen, bilden einen …
2. Bei proportionalen Zuordnungen liegen alle Punkte auf einer …
3. Die zusammenhängenden Begrenzungsflächen eines Körpers bilden dessen …
4. 1; 2; 5 und 10 sind einige der … von 50.
5. Bei der Addition von Brüchen gilt auch das …
6. Ein Würfel ist ein spezieller …
7. $\frac{1}{10}$ von einem Zentimeter ist ein …
8. 2; 3; 5; 7; 11 und 13 sind …
9. Körper ohne Ecken sind …
10. Winkel zeichnet man mit dem …
11. Die Winkelgröße wird in … angegeben.
12. Beim schriftlichen Subtrahieren von Dezimalbrüchen kommt … unter …
13. Ein anderes Wort für Rauminhalt ist …
14. Der Teil eines Bruchs unter dem Bruchstrich heißt …

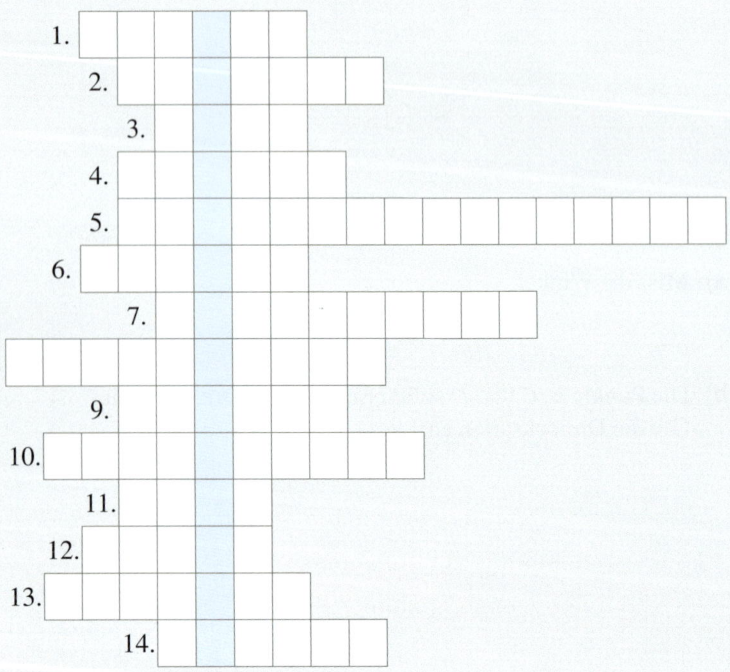